语言影响力

WORDS THAT CHANGE MINDS

The 14 Patterns for Mastering the Language of Influence

[加] 雪莉·罗斯·查维特 —— 著
Shelle Rose Charvet
李 阳 —— 译

新世界出版社
NEW WORLD PRESS

北京版权保护中心引进书版权合同登记号：图字 01-2022-2422 号

图书在版编目（CIP）数据

语言影响力 /（加）雪莉·罗斯·查维特
(Shelle Rose Charvet) 著 ; 李阳译 . -- 北京 : 新世界出版社 , 2023.4
ISBN 978-7-5104-7524-5

Ⅰ . ①语… Ⅱ . ①雪… ②李… Ⅲ . ①行为主义－心理学－通俗读物 Ⅳ . ① B84-063

中国版本图书馆 CIP 数据核字 (2022) 第 170815 号

语言影响力

作　　者：[加] 雪莉·罗斯·查维特（Shelle Rose Charvet）
译　　者：李　阳
策　　划：中资海派
执行策划：黄　河　桂　林
责任编辑：曲静敏
责任校对：宣　慧　张杰楠
责任印制：王宝根
出　　版：新世界出版社
网　　址：http：//www.nwp.com.cn
社　　址：北京西城区百万庄大街 24 号（100037）
发 行 部：(010) 6899 5968（电话）　(010) 6899 0635（电话）
总 编 室：(010) 6899 5424（电话）　(010) 6832 6679（传真）
版 权 部：+8610 6899 6306（电话）　nwpcd@sina.com（电邮）
印　　刷：深圳市精彩印联合印务有限公司
经　　销：新华书店
开　　本：787mm × 1092mm　1/32
字　　数：230 千字　　**印　张**：11
版　　次：2023 年 4 月第 1 版　　2023 年 4 月第 1 次印刷
书　　号：ISBN 978-7-5104-7524-5
定　　价：89.80 元

WORDS THAT CHANGE MINDS

我们栖息于我们自己

对现实的感知和解释中，

但只要使用正确的方法，

交流的可能性是无限的。

献给

我的儿子贾森（Jason）和萨姆（Sam），

他们给了我太多的欢乐，带着我一起成长。

献给

我的妈妈贝蒂·罗斯（Betty Rose）

爸爸弗兰克·罗斯（Frank Rose），

还有我的米夏（Micha），

感谢你们所有的鼓励、支持和爱。

权威推荐 WORDS THAT CHANGE MINDS

杰克·坎菲尔德

《吸引力法则》(*The Law of Attraction*)合著者

《语言影响力》是一本了不起的书。雪莉用清晰的语言说明了那些会激励人们的因素。她展示了如何在尊重人的同时进行沟通、销售、管理等。她的例子，通常会非常有趣，可让你识别周围的人，并知道如何跟他们相处。

塞斯·高汀

《部落》(*Tribes*)作者

权力向客户的移交现在已成定局。在这本引人入胜的书中，雪莉准确地阐述了正在发生的事情及如何思考它。

卡尔·米马

微软加拿大公司经理

每当我感到无法与某个人良好沟通的时候，我都会拿出《语言影响力》这本书。通过运用雪莉的技巧，我就能更好地理解他们，和他们建立起更为融洽的关系。作为一名专业销售人员，有时我必须去说服关键的决策者。雪莉的书帮助我理解了怎样按照别人的说话方式与他们沟通，这有助于提高我的销售业绩。

理查德·A. 格雷哈瓦

CSC 卫生保健体系副总裁

读了雪莉的书后，我请她培训我的管理人员、客户服务代表、顾问和销售人员。她不仅使我们在业务上实现了盈利，还教会了我和妻子如何在新的层次上进行沟通。雪莉是有影响力的沟通大师。我强力推荐所有商业领袖都读一读这本书……它能改变你的人生！

戈登·I. 布朗

加拿大安大略省多伦多，企业咨询公司猎头副总裁

雪莉·罗斯·查维特女士撰写的《语言影响力》一书及其语言行为模式，在我的评估和招聘过程中已被证明是价值无量的工具。通过适当地运用这些技巧，候选人被筛选到合适的职位上。我强烈地推荐你在一系列行为面试手段中增加这些方法。

爱德华·伦德

美国加利福尼亚州电信公司经理

你能想象你的营业利润一下子增长了10%~30%吗？在我利用雪莉·罗斯·查维特女士的语言行为模式改进了招聘决策后，这就是我的公司取得的立竿见影的效果。

哈里·海因德

美国钢铁工人联合会第六区主席

《语言影响力》对于我们的员工磨炼谈判技巧帮助极大——对于所有需要进行高风险沟通的人，我都强烈推荐此书。

汤姆·迪尔思

聚光展示公司总裁

所有需要与别人互动的人，都应将《语言影响力》列入必读书目。我发现这本书对于理解商业伙伴、家人和朋友，并与他们有效地沟通，具有不可估量的价值。我还是第一次读到这样的书，它确定了各种沟通方式，为精确地进行信息交流概括了一种易于遵循的程序。

邝刘竞秀

智元顾问公司总经理

我是在新西兰滑雪旅行期间读的这本书——读起来很轻松，很有趣，也非常实用。我利用书中的动机来源问题，帮助一位马来西亚朋友厘清了他的职业目标，帮助一位中年朋友写好了她的简历，最有趣的是帮助一位女士就是否应该买一条南海珍珠项链下了决心！他们都不知道我使用的是书中根据人们的行为设计的问题，因为这就像是自然而然发生的谈话。

恰克·沃森
库尔特公司主管企业账户的副总裁

知道口语或书面语的精确定义，并不足以理解语言的真正意图。语言行为模式为每一种独特的关系解决了这一问题，并提供了对特定关系最有效的具有影响力的言词。

莱昂·坦圭
人力资源开发顾问

语言行为模式是一个引人入胜的发现，它影响了我与他人沟通的方式，并改变了我的咨询惯例。

热纳维耶芙·奥沙利文
加拿大农业和农产品公司战略和企业关系总监

雪莉的《语言影响力》一书，是为管理、谈判、斡旋或解决冲突等工作做准备的有益且实用的参考工具和指南。理解和尊重他人是良好沟通的核心。我发现语言行为模式是一个有助益和有见地的工具。

它帮助你朝着期望的结果前进，同时尊重那些与你一起工作的人的需求和节奏。

克莱·康纳

爱达荷电力公司战略规划分析师

《语言影响力》使我对原本以为不可能进行的沟通有了一定程度的认知，并提高了精准性。以往当我与那些和我沟通模式不同的人共事时，我经常有挫败感。现在，我却对他们充满了好奇。这是多么大的一个突破啊！

西尔维·塔尔博特

商业战略和人力资源管理咨询师

我手下的团队有 800 人，通过 LAB Profile®，我设法帮助技术和非技术员工进行有效的沟通，并真正了解对方，从而提高了团队产出的效率。在招聘中，我使用了 LAB Profile® 处理了 35% 的离职率。雪莉拯救了我的职业生涯。

罗杰·菲利普

人事培训师

我终于拿到雪莉的书了！借助书中信息的威力，我得到了第一份酬金颇丰的工作邀请，帮助当地的一位雇主进行招聘，因为他已经吃尽了当地招聘机构标准做法的苦头。

戴维·金特勒

销售赢家公司董事长

很棒的书——我会向任何想在商界使用神经语言程序学（Neuro-linguistic Programming）的人推荐这本书。写作风格脚踏实地，极具可读性，引人入胜，还有非常有用的实例……还极富幽默感！

尤尔·霍格

惠普加拿大公司营销项目经理

这本书对于是什么在激励人们做出决定，以及通常是什么会让他们动心，提供了非常有趣的见解。我发现这些信息很有价值。

弗朗索瓦·索埃博士

哈佛大学 T.H.Chan 公共卫生学院咨询委员会顾问

《语言影响力》是一本充满洞察力和探索性的书。雪莉·罗斯·查维特女士为我们思考自己与他人的关系提出了一套新办法。她提供了一种策略性地影响别人的语言，以支持我们在建设人际关系方面做出持续有效的改进。她描述了我们在社交界用于感知、组织和行动的基本心理结构。

《语言影响力》是个人和家庭自我完善的独特的参考坐标。对那些致力于以正当手段来提高生活质量和企业效率的领导者、高管和商业伙伴来说，这是一部能让你改天换地的书。

乔·加埃唐

孟山都加拿大公司人力资源总监

《语言影响力》是一本很棒的自助书，它将帮助你了解自己和你的工作伙伴。

乔尔·P. 鲍曼

西密歇根大学霍沃思商学院教授

《语言影响力》全面概述了个人行为模式的基本差异、这些模式所反映的问题，以及最有可能影响人们的主导模式的语言。

彼得·乌尔斯·本德尔

《有力演讲的秘密》（*Secret of Power Presentations*）作者

《语言影响力》对于所有真正看重良好沟通的人来说，都是一个有趣的工具。这本书将教会你怎样理解别人，以及如何与他们对话。我强烈推荐此书。

自 序 WORDS THAT CHANGE MINDS

影响和说服他人的技巧，本书已经讲透了！

你了解影响和说服他人的原则吗？

“为了让人们跟着你去某个地方，你需要在他们所在的地方和他们见面，而不是假想他们已经在你希望他们在的地方。”

大多数人，尤其是成功人士，在尝试说服他人时总是使用相同的策略，但是……其他人是大为不同的啊！

基于多年来对个人和组织的研究与合作，本书为需要预测和影响别人的行为以获取成功的人士提供了大量实用技巧。这是你在沟通交流方面实现巨大飞跃的第一步。

当你能够轻而易举地确认是什么在激励人们，以及他们是如何思维和决策时，你就能做到：

◎ 与任何人都建立起深层次关系并有效地进行沟通；

◎ 减少冲突和误解；

◎ 在实施组织变革时消除阵痛；

◎ 缩短销售周期，保证客户满意；

◎ 设计出强有力的营销和广告活动；

◎ 招募到适合工作岗位并表现出色的合适人选；

◎ 极大地改善你谈判和演讲的效果；

◎ 拟定满足不同需求的学习计划，增长知识和能力；

◎ 学习新的方法，提高你的培训技能和拓展你的培训业务；

◎ 发挥员工的长处，提高团队效率。

第三版《语言影响力》有超过50%的新内容。新案例、新研究、新的高级应用构成了全新的7章内容，包括：

1. 如何完成语言行为模式（Language and Behaviour Profile®，LAB Profile®）；
2. 利用语言行为模式进行会谈培训；
3. 利用组合模式来理解别人并开展工作；
4. 解决沟通问题；
5. 有影响力的策略和技巧；
6. 冲突的语言行为模式；
7. 基于语言行为模式的发明及工具等。

目录 WORDS THAT CHANGE MINDS

第二部分

打造高效执行力 8类工作效率模式

第三部分

准备好将影响力转化为成果了吗？ 14 类模式的应用练习

前言 WORDS THAT CHANGE MINDS

拥有改变人心的影响力：用正确的语言，让双方得偿所愿

每个人周围都有这样一面沟通的“墙”，用来保护他们并与“坏人”隔绝。但在“墙”上，我们会拿走一些砖头，让“好人”通过这些洞口来跟我们交流。沟通中的问题不在“墙”身上，因为“墙”是每个人都具有的保护机制。真正的问题在于这些洞口。这些洞口有特定的形状，因人而异。如果你想和某个人交流，那么你就需要使用与对方的墙洞完全吻合的语言和行为。

“量身定制”销售流程和关键词，成交率上涨 50%

一家共同基金公司为了吸引新的高净值客户，在一档投资理财类电视节目中投放广告，但成交率差强人意。

他们的高净值潜在客户（拥有200万美元或以上投资资金的客户）会观看电视节目，在节目中，他们的CEO通过接听外场电话来回答观众提出的有关投资问题，即使在节目结束几个月后，潜在客户们还会打电话了解该公司的投资情况。然而，由于公司没有正式的销售流程，客户在咨询过程中便逐渐流失，销售机会就这么错过了。

他们聘用我来帮助他们。我借助语言行为模式（LAB Profile®）进行了市场调查，采访了打电话给公司并有投资意愿的潜在客户，以及打过电话但没有投资意愿的潜在客户。通过这些采访，我发现了每个群体关键的语言行为模式的动机及工作效率模式。利用这些信息，我设计了一套销售流程并提出了一系列关键词，供他们在网站和电视节目中使用。直到今天，他们仍然在使用这些关键词。

结果如何？他们的成交率上涨了50%。因此，他们的CEO决定参加我的培训课程，因为他想弄清楚究竟是什么导致了这种差异。他报名参加为期10天的语言行为模式咨询师和培训师认证课程，但并未承诺会听完全部课程（尽管他已支付全部费用）。每天课程结束时，我们都不知道他第二天是否会再来。但最终，他参加了整整10天的学习，因为他的确想学。

了解人们如何思考和行动，创造更多积极的影响

自从《语言影响力》第一版和第二版问世以来，关于人们如何思考、如何获得动力，以及如何做出决定等问题，在学术界又有了更多新的发现。许多关于人类行为的研究，都表明语言行为模式在

发挥作用。神经科学的发现（包括大脑的动态变化），也显示出人们的动机模式和工作效率模式是如何基于他们的思考而改变的。我和我的学生在 30 多个国家和地区开展了咨询和解决问题的工作，结果证明了将激励人们的因素解码为语言行为模式组合序列的有效性。

你可以提取人类的几乎任何态度、品质或行为，了解其成分，并推断出其产生影响的方法。是的，这很可怕。自从本书第二版上市以来，又有许多发现揭示了人们在网上的行为和在现实世界中的行为。不幸的是，这些信息被用来操纵和制造了更多的冲突。如我们所看到的，选举受到一些组织的影响。这些组织利用选民的信仰体系和最深的恐惧来胁迫他们。结果是人们变得越发难以互相信任，越发不信任机构、记者、国家领导人，而这看起来又是合乎情理的。但这并不是产生影响的唯一途径。如果你能真正理解别人，你就更有可能产生积极的影响，无论是对他们还是对你自己。

我写第三版前言的目的就是向你展示如何通过了解他人的动机、他们如何思考，以及他们做决定的方式，继而使你在自己的世界里产生积极的影响。我希望你们能利用本书创造更好、更合乎道德的交流。

沟通的力量：几分钟的谈话，助你登上事业巅峰

谢丽尔（Cheryl）按照预约走进了我的办公室，她看上去既沮丧又气愤。她是一位衣着考究、举止优雅的职业女性，却没有在首次见面的惯常客套上浪费哪怕是一秒钟。

“我需要马上找一份新工作，”她说，“我受不了我的老板了，我

听说你能做职业生涯分析。”在讨论了她的需求、了解了她主要在乎的事情之后，我们同意做一份职业生涯分析。在对她个人资料的反馈进行到一半时，她叫停了整个过程。“哦，天呐，”她说，“我的老板和我一样固执！我们经常争吵。谁也不肯从自己的立场上后退一步。难怪我们一直合不来！你能告诉我该怎么和他沟通吗？”我花了几分钟时间，确切地教她该说哪些话，不该说哪些话。不到两个月，她就打电话告诉我她刚刚得到了一次重大晋升。今天，她已经是她的国家那个行业里地位最高的女性之一了。

沟通不畅甚至完全缺乏沟通，是我们这个时代一个巨大的问题。无论是在工作中、在家里，还是在整个世界，都是如此。从 20 分钟的语音留言这样的小烦恼，到亲子间终生的怨恨，再到国家或者部落之间日益复杂的冲突，人与人之间的矛盾经常发生。寻找沟通问题的解决方案，一直是许多研究的重点，也是许多模型的发展方向。

心理测量学（Psychometrics）在这方面创立了许多评估办法，以解释导致人际交流问题的差异。其中许多办法是把人塞进贴有标签的盒子里，就好比把圆钉子钉进方孔。这些办法都忽略了一点：人天生具有灵活性，能够随着情况变化而改变自己的思想和行为。并不奇怪的是，很多人痴迷于问卷调查和分析工具，却往往轻视这些工具所产生的模棱两可的定义。相反，有些人更喜欢依靠直觉和第六感来做出关键的决定，比如雇用员工或选择配偶。我曾经对一位 CEO 说，如果他聘用执行副总裁的原因是他喜欢这个人，他将陷入大麻烦。他最不需要的就是招募一个和他有同样想法的人。

众所周知，人们通过一系列过滤程序进行交流，这些过滤程序因历史、认同感、信念、价值观，以及对正在发生的事情的感知和解释而形成。当别人与我们沟通时,我们通过自己的过滤系统挤榨信息,然后加以理解。当然，来自相同的种族、文化、性别、国家或地区等群体的人，有一些共同的历史和信仰，这使得这些群体内部的交流比来自不同背景的人之间的交流更加容易。

除了这些差异，我们每个人都有各自独特的思维和处理信息的方式。根据个人使用大脑的不同方式，我们关注到现实中各种不同的方面。我们中的一些人用详细的线性序列来思考，另一些人则倾向于设想更大的整体。有些人会被不同和崭新的事物所吸引，而另一些人则会被与他们已知的相同或相似的事物所吸引。

我们能真正理解某人和我们谈话时的意思，能简单地根据谈话内容来预测一个人的行为，当然最好的结果是，我们能够通过自己的反应来影响这种行为。

我在这个领域进行了调查研究，想找到一些关于理解、沟通和影响这类复杂问题的答案。我想避免简单的解决方案。任何好的理论都必须有充分的根据，并能被人们的亲身经历所验证。它还必须适用于广泛的人类活动，尊重个人及其差异，无需博士或工程学学位即可学习。最重要的是，它确实能够改善人与人之间的沟通交流。

1983 年，当我在欧洲的交流研讨班讲课时，我听说来自美国加州的一些有趣的研究成果。我想看看这些人是不是真的发现了什么新鲜玩意儿，于是上了几期深入的课程，并开始在我的工作中测试他们的技巧。

效果是显著的。我学会了怎样与别人建立起融洽的关系，改变那些一直在限制我的信念，并帮助其他人也这样做。作为一个多疑的人，我喜欢这样的要求，即在每次干预完成之前，都要经过可能产生的负面结果的检验。

如果想要某人放弃雨天会让他生病的想法，医生必须首先检验雨天生病是否有某些好处，而对这个人来说这些好处需要以其他更健康的方式来满足，然后再帮助他替换这一想法。

1985 年，我偶然接触到一种通过神经语言程序学开发出的特殊工具，它彻底改变了我的沟通方式。这种方法既严谨又灵活，可以自然而然地融入随意的谈话中。自那以后，我就一直在广泛的环境中探索其用途。我曾将它用于下列目的：

◎ 在人群面前进行效果强大的演示活动；

◎ 重新设计营销和销售流程，帮助公司成功地把信息传达给主要客户；

◎ 对于关键的高管职位，只吸引和选择合适的候选人；

◎ 帮助我培训过的客户；

◎ 为青少年创造具有不可抗拒的影响力的语言；

◎ 帮助组织改善其内部人员就变动所进行的沟通。

当这个工具被广泛地教授和学习的同时，我不断地在寻找应用它的新方法，并取得了显著的效果。我问自己，既然你肯花时间掌握这项技能，为什么不写一本书来分享我的经验呢？《语言影响力》就是我综合亲身实践和客户的反馈写就的作品。

塑造语言影响力的工具：语言行为模式（LAB Profile®）

语言行为模式是一种工具，让你注意到人们如何被激励，如何处理信息，如何做出决定，并做出回应。语言行为模式以一系列的十几个问题为基础，你可以把它们融入非正式的谈话中，也可以用作正式的群体调查。

你要关注的是人们回答问题时的谈话方式，而不是内容。即使一个人不直接回答问题，他们也会通过回答（或不回答）的方式来透露自己的模式。

当你熟悉了问题和人们给出的回答时，你会发现不必真正问问题就能听出和了解人们使用的模式。你就能立刻使用适于情境的有影响力的语言了。当人们说话时，无论是用话语还是肢体语言，他们都以自己特有的模式自然地进行交流，当你使用他们的语言时，他们会立刻做出回应。

我在本书中收入了许多示例性对话。当你阅读本书时，请对照你自己的经历，把它和你认识的人联系起来，从而认清你自己和其他人。我希望在你每天与人沟通的过程中，你能找到一些解决问题的方法。即使你没有具体的沟通问题，本书也会提供一些有用的信息和定义来描述你已经在做的事情，帮助你发现沟通中潜在的问题。

无论是在我的个人生活还是工作中，我都在不断地为语言行为模式发现新见解和新用途。我邀请你和我一起共同探索语言行为模式可能的应用。

50 年前的语言学家如何解决沟通问题?

《语言影响力》是建立在由罗杰·贝利(Rodger Bailey)开创的语言行为模式之上的。而语言行为模式又是基于对神经语言程序学的具体应用，该领域以理查德·班德勒(Richard Bandler)、约翰·格林德(John Grinder)等人于 20 世纪 70 年代中期在美国的研究为起点。他们通过调查和了解成功的沟通者所采用的方法，创造了神经语言程序学的原始模型。

自那以后，神经语言程序学的研究领域成为许多研究的主题。世界各地出版了数百本关于它的书籍，目前全球有几十个国家都在教授这种方法。让我们从编程开始吧。每个人，通过基因构成、环境影响和个体生化，都设法为她或他本人进行了编程，使自己在某些方面表现优秀，在某些方面表现平庸，在其他方面则表现糟糕。

如果我们仔细观察和倾听一个人的行为和语言交流方式，我们就能从神经学的角度理解这个人是怎样把他或她的经验结合起来，从而使自己在所做的事情上变得优秀、平庸或糟糕。因此，这个领域被称为神经语言程序学。

如果有些人对某些事情非常擅长，那么接受过一定的神经语言程序学培训的人就可以给他们建模。建模就是探询一个人是如何做成他们所做的事情。建模的人会问这样的问题，比如:“什么是绝对要素?”“那个人为了能够做到这一点，依次、和、或同时关注了什么，又忽视了什么?”当一个人找到这些问题的答案的时候，这项技能就有可能传授给其他人了，甚至可通过自学而获得。

语言行为模式是由贝利创建的一个模型。贝利是神经语言程序学领域一位热心的开发者。他在20世纪80年代初创建的语言行为模式，建立在一系列来自神经语言程序学的模式基础上。这些模式在开发时被称为元程序（Meta Program），而这些元程序则基于我们在构建自己的世界模型时使用的过滤程序。

3个心理过程使沟通中充满“语言陷阱”

每个人都有一定数量的过滤程序，通过它们，只让现实世界的某些部分进入自己的内心。诺姆·乔姆斯基（Noam Chomsky）在发表于1957年的博士论文《转换语法》（*Transformational Grammar*）中说，人们通过三个心理过程来创建自己的“世界模型”（Model of the World）的过滤程序。

删除（Deletion）。第一个过程称为删除。我们从自己的周围环境和内心中删除很多信息。美国心理学家乔治·米勒（George Miller）在1956年发表的题为《7+2或7–2》（*Seven Plus or Minus Two*）的论文中说，我们有意识的大脑一次能处理“7+2”或“7–2”条信息，其余的信息则会被删除。这意味着状态好的时候，我们一次可以处理9条信息，而在状态不好的时候，可能只能处理5条信念。

这就是大多数电话号码不超过7位数的原因。然而，当20世纪80年代我住在巴黎时，那里把电话号码改成了8位数。于是每个人都不得不决定是以2个数字一组还是4个数字一组来记住号码，或者干脆在旧号码的前面加上新的巴黎区号4。谁也没有一种简单的办法能立刻记住8位数。每个人都必须自己想办法搞定。结果人们都以各自独特的方式说出新的电话号码，这造成了很大的混乱。所以，

7 ± 2 条信息，是我们一次能够比较轻松地感知到的信息。通过“删除”过程，我们过滤掉很多事物，或者没有意识到它们，或者有意识地选择这样做。

扭曲（Distortion）。第二个过程称为扭曲。我们扭曲事物。你是否曾在搬迁新居前，站在空无一物的客厅里，想象它配上家具时会是什么样子？是的，你在产生幻觉。

实际上，你的家具并没有在屋子里，你在扭曲现实。扭曲的两个实例是幻觉和创意。两者的相似之处在于都将外部信息改变为其他事物。这就是“扭曲”这个过程的全部。

概括（Generalization）。乔姆斯基的第三个心理过程称为概括。它与笛卡儿逻辑（Cartesian Logic，即你可以从普遍规则推及具体实例，但不能反推）相反。概括就是你举几个例子，然后创建一个普遍原则，这是学习发生的方式。一个小孩学会了打开一扇门、两扇门，或者也许是三扇门，然后他就知道了怎样打开所有的门。这个孩子就对如何开门形成了一种“概括”。

也就是说，直到他必须进入一家高科技公司时，才会意识到要打开门，还必须以某种方式用一张磁卡滑下一个插槽。孩子必须重新学习如何开门，来应对那些例外情况。

概括涉及我们怎样无意识地产生关于什么是真实、不真实、可能、不可能的规则、信念和原则。例如，一些女人可能因与男人打交道时有过几次不愉快的经历，而得出结论，男人（即所有男人）都不可信。她们就形成了这样的规则：永远不要相信男人。人们在有一定数量的类似经历后，会制定一条规则或形成一种信念。

通过删除、扭曲和概括这三个过滤程序，我们每个人都创建了自己的世界模型。

元程序：我们用来与世界互动的特定过滤程序

神经语言程序学、元程序、语言行为模式，这三个过程之间的联系是什么？神经语言程序学的共同发现者利用乔姆斯基的删除、扭曲和概括模型创建了一个地图，用以发现和影响一个人对其经验的感知和解释。

莱斯利·卡梅伦-班德勒（Leslie Cameron-Bandler）——现在叫莱斯利·勒博（Leslie Lebeau）——把乔姆斯基的工作又推进了一步。她断定每个人都会进行特定类型的删除、扭曲和概括，这些随后会在一个人的行为中表现出来。根据她在治疗环境中的工作，她确定了大约 60 种不同的模式，她称之为元程序。

元程序是我们用来与世界互动的特定的过滤程序，它编辑和塑造我们允许从外部世界进入的东西。当我们在这个世界上交流和表现的时候，它们也塑造了我们内在的东西。元程序就像一扇门，我们通过它与世界互动。这扇门有特殊的形状，并且只允许某些东西进出。这可能看上去像是我们个人本性的一部分，因此是永久性的，但实际上，门的形状可以随着我们自身和周围环境的变化而改变。

罗杰·贝利是莱斯利的学生，他将莱斯利的研究成果运用于商业环境。他创建的语言行为模式是一种既实用又易于使用的工具，可以帮助人们理解是什么在激励他人进行交流。他说这些模式是关于一个人如何应对特定情况的状态报告。

大多数人都会同意，与不同的人在一起时，比如在工作场合中或者在家与家人在一起时，我们的行为是不同的。因此，我们的行为所能描绘的并不是我们的个性，而是我们如何与不同的环境或情境互动的画面。

语言行为模式只是描述了我们的门的形状，表示在特定情况或环境下我们具体会让什么东西进出。正是这种对我们改变动机和行为的能力的认识，使这个工具有别于对我们的个性进行全面概括的心理测量学剖析。

动机模式与工作效率模式

当我第一次学习元程序时，得知大约有 60 种模式。我们必须和一起学习的人交谈，猜测他们属于哪种模式。我花了一年半的时间试图猜测每个人的元程序是什么。需要说明的是，我对此并不擅长。

为了更简单地检测和使用这些模式，罗杰·贝利富有远见地将模式数量从 60 个减少到 14 个。他还研究出一系列的具体问题，通过这些问题，无论人们回答什么，他们的潜意识模式都会通过他们使用的语言结构显现出来。你只需关注人们如何回答，而不必在意他们说什么。这样，在问过几个简单的问题后，你就能确定什么会触发并维持某人的动机，以及他们的内部是怎样处理信息的。

在开发语言行为模式时，贝利确定了两种不同的元程序。

第一组类别称为动机模式（Motivation Pattern）或触发点（Trigger）。

这些模式表明在特定环境中一个人需要什么才能激发并保持

动力，或者相反，什么会让人失去动力。有时我称之为动机触发点（Motivation Trigger），因为它们揭示了什么会促使一个人去做某事，或者阻止他那样行事。

第二组类别称为工作效率模式（Productivity Pattern）。

这些模式描述了一个人在特定情况下运行的内部心理处理过程。例如，我们可以确定一个人是偏爱概述还是偏爱连续的细节，让他们最具工作效率的环境是什么，一个人是更关注人还是更关注任务，他们如何应对压力及如何引导他们确信某事的机制。而所有这些都能从一个人的交谈方式中看出来。

下面这张表格（表 I.1）描述了莱斯利·卡梅伦 - 班德勒开发的原始元程序与语言行为模式之间的差异。

表 I.1 原始元程序与语言行为模式之间的差异

原始元程序	发展	语言行为模式	语言行为模式的优势
60 种模式	总结，专注于要点	14 种实用的类别	易于学习和记忆
无研究方法	用于检测和利用的结构性方法	以明确的指标引出模式的调查问卷	易于与小组一起研究，并在交谈时产生影响
每个元程序没有特定的语言	为每个模式识别并确定了特定的语言结构和行为	每个模式都有具备影响力的语言	极大地增强了说服别人的能力，因为它使语言适应了人的内部心理结构
没有特别的实际应用	正在进行中的研究和开发	用于群体和人际沟通、自我认知、心理测量	有令人难以置信的创造新应用的潜力

运用日常的语言理解、预测和影响他人

罗杰·贝利还开发了有影响力的语言。一旦你知道了一个人的模式，你就可以调整你的语言，使之对那个人产生最大的影响。

想象一下，一个没有很好地掌握你的母语的人，正试图向你传达一些想法。很可能你要花很多精力把它翻译成对你更有意义的术语。而当有人使用你能立刻理解的术语时，你就不必多余地耗费精力了，意思清楚明白。当你使用适当的有影响力的语言时，其效果之所以强大，是因为你在以别人的风格说话。你完全可以选择那些能改变别人想法的词汇。

从诺姆·乔姆斯基和其他人那里，我们了解到人们并不当真生活在现实中，而是通过删除、扭曲和概括，栖息于自己对现实的感知和解释中。语言行为模式反映的是他们的世界模型。因此，一般来说我在本书中讨论的不是现实，而是我们感知和解释现实的方式。

譬如，一个人有一段经历。当他谈论这段经历时，他只传达了实际发生的事情的一小部分。他必须编辑掉绝大多数发生过的事情，这样才能在合理的时间框架内进行沟通。这意味着你为了告诉别人你读了本书这件事，就需要排除你在阅读本书时所经历的大部分事情。你可能会说，“这书挺好”，然后点点头。也许会把书中让你思考的所有事情都忽略了，更不用说你在阅读的时候身体是否舒服了。

想想那些你不理解别人在说什么的时候，是因为他们漏掉了你完全理解所需要的要素。人们会改变他们的实际经验和观点等，以符合他们自己特定的删除、扭曲和概括的方式。

莱斯利·卡梅伦-班德勒和罗杰·贝利都认为，在讲话中使用相同的语言模式的人行为模式也相同。语言行为模式这一名称就来自于一个人的语言和行为之间的联系。

本书中介绍的方法能让你理解、预测和影响行为。语言行为模式是一套可以作为技能学习的方法。你将有机会训练你的眼睛和耳朵去感知某些你以前可能没有注意到的事情。你还将学习一些方法，描述和处理你可能已经注意到的行为模式。

由于语言行为模式是一套技能，你在使用时需要严谨，要注意人们在不同情况下做出的改变。这就需要引进情境这一概念了。

识别对话情境，避免无意中伤害关系

情境是一个人围绕一种情况所提出的参照系。由于人类天生具有灵活性，所以能够在不同的时间表现出不同的行为。我们谈论的是工作中的你、恋爱中的你、和孩子在一起时的你、和同事在一起时的你、假期中的你，还是买房时的你？不同的情境下，人们会有不同的语言和行为表现。

当我举办这方面的研讨会时，有人问我："我总是这样吗？"答案是否定的。我们变化、成长，我们对生活中重大事件的反应可以改变我们的行为方式。这些变化会在我们谈话时采用的语言行为模式中显示出来。

由于我们的行为在不同情况下可能会有所不同，因此在使用语言行为模式问题时，你需要确保自己已经清楚且具体地识别了情境。与你谈话的人在当时情况下周围的参照系（或情境）是什么？在讨论每个模式时，我将演示如何具体地这样做。如果你能诚实而谨慎地语言行为模式，它将能够显著改善你在许多情境下的沟通状况，让你可以调整做法以适应任何情况。

为帮助你识别某人什么时候正在谈论或已切换到某种情境，请听下面几个问题：

◎ 什么时候？

◎ 什么地方？

◎ 和谁一起？

◎ 在做什么？

当人们使用这些提示时，就是在告诉你他们的情境是什么，例如：

"我们正和孩子们一起坐在客厅里，争论是否该睡觉了。"

"在与客户开会，进行需求分析。"

当你练习对人们在何时切换情境进行关注时，你更容易对他们产生深刻的理解，从而增强你的影响力，并避免无意中犯下伤害关系的错误。

语言行为模式在不同情境中的作用

语言行为模式还能够运用在以下各种情境中：

市场调研：由于这些模式因情境而异，因此我已经开发出几种方法，凭借经验来确定客户对竞争产品和服务具有的不同的潜意识动机。这被用来创建多方面的沟通策略。

销售和营销：理解并回应客户无意识的动机模式。

培训：会谈培训方法是指培训师以对话方式，引出客户在当前情况下和期望状态下的语言行为模式。这个过程使客户能够体验到他们期望的状态，并开发出他们自己的解决方案。

行为改变训练：利用语言行为模式，你可以为任何目标群体进行所需要的行为改变选择行动措施。首先破解该群体的动机模式，然后再了解任何特定行动所针对的语言行为模式。

人员管理：你可以培训管理者识别语言行为模式，从而确定其团队成员的优势。这样管理人员就可以调整任务分配，使团队成员在工作中自然而然地发挥各自的特长。

招聘：确定一个职位和企业文化的语言行为模式，撰写出有创意的招聘启事，令适合该职位的人感到有不可抗拒的魅力，令不适合该职位的人望而却步。

然后，你可以在初步入围的人选中进一步筛选，以找出最匹配的人选。（请注意：语言行为模式不能衡量技能、知识或态度；它衡量的是一个人是否具有适合任务和环境的动机模式和工作效率模式；换言之，就是“合适”。）

技能培训：学习语言行为模式将能使人在以下领域培养出良好的协调能力：影响和说服、谈判、领导、解决冲突、销售和客户服务。

协调和解决问题：可以利用语言行为模式的方法，诊断任何沟通问题并开发出解决方案。这是商界领袖和顾问人士的最爱。

实施组织变革：以语言行为模式术语，诊断当前的组织文化，确定期望的组织文化和适当的变革方法，以获得最大的可持续效果。

团队建设：当你对一个团队进行语言行为模式的调查研究时，你可以根据团队的任务，确定团队的优势和劣势。你也可以确定团队内部的交流模式，以及该团队与其他团队之间的交流模式，还可以决定下一个加入团队的人员的语言行为模式。

教与学：老师和学生可以识别有助于个人和整个群体学习，或者会为之造成困难的语言行为模式。我曾在加拿大举行的全国印第安人教育会议上，针对印第安原住民保留区的教师们举办过一个研讨会，讨论如何使用这种方法防止学生辍学。

建模：语言行为模式可用于解码任何策略或技能，方法是识别人的行为并对其进行语言行为模式的组合研究。

第一部分

激发内在驱动力

6类动机模式

第1章

“只管去做”还是“等时机成熟”？

活动程度——主动模式与被动模式

你是倾向于立即行动，还是倾向于三思而后行，这些都跟你的活动程度有关。你是什么活动程度的人？有两种模式：

主动模式

主动模式的人富有主动精神。他们往往很少考虑或根本不考虑就采取行动，不经思考或分析就冲锋陷阵。他们可能会令一些人感到不安，因为他们会强行推进自己想做的事情。他们善于走出去，把事情办好。他们不等别人行动就主动出击。

被动模式

被动模式的人倾向于等待别人主动发起行动，或者等到时机成熟后才采取行动。他们可能会深思熟虑而不行动。他们想在采取行动前充分了解和评估局势。他们相信机会和运气。他们会花很多时间等待。有些人可能会因为他们迟迟不动手而感到不耐烦。他们倾向于等待别人主动，然后做出回应。在极端情况下，他们格外小心翼翼，没完没了地研究各种情况。他们会成为优秀的分析师。

由于活动程度这一类别没有特定的问题要问，你可以注意对方的句子结构和肢体语言，因为他们会在整个谈话过程中显示出他们的模式：

主动模式：句子结构

◎ 短句：名词、主动动词、具体的宾语。

◎ 说话的语气就仿佛他们控制了自己的世界。

◎ 句子结构清晰明了。

◎ 直接。

◎ 在极端情况下，他们会有一种要“碾压”的态度。

主动模式：肢体语言

不耐烦的迹象，说话语速快，会用铅笔轻敲桌子，有很多小动作或者不能长时间坐着。

被动模式：句子结构

◎ 句子不完整，主语或动词缺失。

◎ 喜欢用被动动词或转化为名词的动词。

◎ 说英语时大量使用动词不定式。

◎ 语气就仿佛世界控制了他们，相信机会或运气。

◎ 爱说冗长而复杂的句子。

◎ 爱谈论正在思考的事物、正在分析的事物、正在理解的事物，或者正在等待的事物及事物的原则。

◎ 爱用条件句，使用“将、能、会、可能”等词。

◎ 过度小心，需要理解和分析。

被动模式：肢体语言

愿意长时间地坐着。

以下是主动模式和被动模式可能会有的表述（见表 1.1）：

表 1.1 不同类型的典型语言

类型	典型语言
主动模式	“我每星期都要和我的团队开会。”
主要是主动模式	“如果有必要的话，我会和我的团队开会。”
主动模式和被动模式对等	“我和我的团队开会，一起审查了当前的文件。保持消息灵通是很重要的。”
主要是被动模式	“即使你可能怀疑是否有必要每周都与团队开会，我也每周都开会，因为重要的是要让他们感到我在倾听他们的声音。”
被动模式	“即使每个人都可能怀疑是否当真有必要每周都开会，我也要考虑人们对倾听的需求，这很重要。”

有影响力的语言

如果你仔细想想就会明白，在交流时与别人的行事方式相匹配是非常重要的。请使用下面这些词语和短语，让人们投入行动。

主动模式

加油；只管去做；赶快行动；为什么要等？现在；马上；搞定它；你会做的；采取主动；负起责来；顺利办妥；还等什么？快点！

被动模式

咱们一起想一想；既然你已经分析过；你会真正明白的；这会告诉你为什么要考虑这一点；这会让你看清楚的；想一想你怎么回应吧；你可以考虑；可以；时机成熟了；祝你好运！

由于大多数人都是主动模式和被动模式并存，你可以同时使用上述 2 种有影响力的语言，见机行事。

直接打电话而不是发送简历

在工作中拥有主动模式的人，适合于那些需要采取主动、走出去把事情搞定的职位。他们将在对外销售、独立业务或其他将“厚脸皮、有胆量”视为财富的工作中表现出色。

如果你想招聘一个主动模式占主导的人，就请应聘者打电话来而不是发送简历。（被动模式的人不会打电话来的。）

在工作情境中具有被动模式的人非常适合能够响应请求的工作。客服代表往往比较被动。许多研究和分析工作也需要能花大量时间分析数据的人。

大多数人和大多数职位都是这两种模式的结合。在用人时，你需要审查要完成的工作中主动性行动和被动性行动的比例，以确定你需要什么样的平衡。适当地对团队中的人员进行配置，以此确保能达到一种良好的平衡。

在分析一个职位的时候，你需要问自己一些关键的问题。这个人需要在多大程度上采取主动？这项工作有多少是由回应、分析或依赖他人的行动组成的？你可能需要估计出主动性行动或被动性行动在总时间中所占的百分比。

严守任务截止时间

在工作中倾向于主动模式的人，会对官僚作风造成的拖延或者内部政治斗争感到不耐烦，甚至可能为了完成工作而越界或者冒犯别人。他们会迅速投入行动，而当他们方向错误时，可能在你或他们自己察觉之前，已经大步流星地走出很远了。

作为积极主动员工的管理者，你需要将他们的精力引导到适当的方向。如果他们没有机会使用他们的充沛精力，他们会变得沮丧或厌烦，结果可能会导致他们的主动性以无益的方式表现出来。你可以交给他们一项任务，告诉他们“只管去做”，以此来激励他们。你可能需要提醒他们三思而后行。另一方面，根据我的经验，我发现了在什么情况下会把主动模式的人逼疯。那就是把他们置于一种他们极不喜欢的环境中，然后确保他们对这种环境无能为力。

工作中倾向于被动模式的人通常不会主动采取行动，当被要求主动时就会感到压力或焦虑。在极端情况下，他们会考虑形势、分析情况，并要求对自己的处境予以理解，几乎排除了做决定或做任何事情的可能。

在团队环境中，被动模式的人可以通过对拟议中的解决方案进行分析，从而对工作进程做出贡献，但他们也可能因为考虑衍生的后果和备选方案，将工作进程拖得足够慢。你可以通过匹配他们的模式来激励他们。“既然你有足够的时间来斟酌和考虑这件事情，我需要你在星期一中午之前把方案放到我桌上。”

最后一刻才做决定

当处于被动模式时，人们不相信他们控制着自己的世界。他们很有可能等待其他人来解决问题或为他们做出改进。你还记得塞缪尔·贝克特（Samuel Beckett）的剧作《等待戈多》（*Waiting for Godot*）里的弗拉基米尔（Vladimir）和埃斯特拉冈（Estragon）吗？整部剧中他们都在等待神秘的戈多出现，来解决所有的问题。

大多数人在工作中都处于中间状态，他们既需要思考也需要行动，既需要回应也需要主动。对这些人来说，最好的工作类型就是任务和责任并重。为了激励这些人，你需要同时使用两种有影响力的语言。例如，“我希望你彻底想清楚需要做什么，然后只管去做”。

我有个朋友喜欢在最后一刻才决定动身去哪里度周末。猜猜她是什么模式？她经常会在星期四晚上才打电话给她哥哥说：“嘿，我发现这个周末去马略卡岛（Majorca，位于西班牙东部的地中海岛屿，著名旅游胜地。——译者注）度假能省不少钱。想去吗？想去吗？”她哥哥通常都会拒绝，而且很生气。

当这位朋友知道她哥哥偏向于被动模式时，她改变了方法：“我发现了一些关于在马略卡岛度周末的优惠信息，我不知道咱们该不该去一趟。我把信息发给你，你可以考虑一下，然后告诉我。”结果1小时后他回电话说：“咱们去度假吧。”

令人怦然心动的广告

处于主动模式的购买者会倾向于立刻下单。一天，我和一位潜在客户喝咖啡时，我提议为她做一次语言行为模式测试，以帮助她决定是否改行。我告诉她，这个剖析能立刻向她展示什么样的活动能激发并保持她的动力。她热切地同意了，并且迫不及待地想做这个分析。当我们步行返回办公室时，她说：“咱们能跑着回去吗？”在这种情境下，她处于一种极强的主动模式中。

被动模式的买家则相反，他们需要更多的时间获得对产品或服务的理解，才更有可能做出购买决定。他们经常会等待某些事情发生，然后再做决定。

我曾与一家共同基金公司的首席执行官洽谈，商量为他的销售代表们做销售培训的事。在我们第三次会面时，他告诉我，公司即将完成一次并购，他正在“等着确认情况”。当时我正处于一种高度主动的模式，我的头脑中顿时响起了爆炸声：“你想等什么，上帝的意见吗？除你之外，谁还能来确认情况呢？”后来，我设法控制住冲动，问道：“哦，这可能什么时候完成呢？”我用这句话，匹配了他对于事情将会发生在他身上的信念。

如果你提出这就是他们一直在等待的东西，被动模式的人就更可能购买，或者你也可以这样说：“为了得到你真正想要的东西，你等的时间还不够长吗？”再或者：“一旦你有了这个，你就会明白为什么……”

你偶尔会注意到一些分别迎合主动模式或被动模式的人的市场营销活动。这些广告也可能不经意间透露了公司企业文化的某些方面。加拿大一家大型银行有一句口号：“让我们为你效劳（Get us working for you）。”作为一名潜在客户，我对此的解读却是，我必须唤醒他们，才能让他们为我做点什么。但也许这种看待问题的方式是我偏于主动模式的结果。你可能留心过耐克的口号：“只管去做（Just do it）。”这是一个能令主动模式的人怦然心动的口号。

当你开始了解你的潜在客户时，谁是从你销售的产品中获得最大收益的理想客户？是那些迅速做出决定的人，还是那些经过深思熟虑的人？

在我们开发“高级商业影响力项目”时，我们意识到理想的客户是那些获得信息便立刻利用，然后快速做出决策的人。那些需要考虑更长时间的人，往往不大可能是在项目中尝试沟通和影响策略的人，因此不会获益太多。

然而，如果产品或服务是投资机会，理想的客户可能需要在购买前彻底了解。这将避免客户的懊悔和不满，因为被动模式的客户更有可能让理财顾问采取主动。

倾向于主动模式的客户则可能变得难以合作，因为一旦他们读到、看到或听到令他们感兴趣的事情或问题，他们就想立刻着手解决，这从长远来看对他们的发展不利。

你肯花时间读完用户协议吗?

主动模式的人和被动模式的人之间可能存在沟通障碍。前者一有想法就立即付诸行动，后者则可能需要思考再三。当被动模式的人想要仔细考虑事情，检查每一个细节时，主动模式的人连读完用户协议都不耐烦了。好吧，我不知道有多少人想读用户协议，但的确有些人在行动或决定之前需要进行彻底的了解。

我记得我决定重新装修厨房的时候，我丈夫和小儿子负责清空碗橱里的东西，用箱子装上，然后搬到车库。任务刚开始不久，我丈夫就在向我抱怨:“我不能这样干活！”我儿子一直在尽可能地把东西都塞进一个箱子里，然后拖出来塞进车库里。我丈夫则认为在动手之前需要制订一个计划，考虑好把所有东西都放在正确的地方，使其既容易找到,也容易拆去包装。这是典型的主动模式与被动模式的冲突，是“现在就做”和“想想怎么做”的对抗。

这也是我和我丈夫存在分歧的地方。常常是当我只想结束事情，或者要出门的时候，而他还需要时间准备。于是我们提前约定出门的时间，在这期间，我有很多事情可做，这样我就不会觉得自己在浪费时间等待了。

表 2.2　活动程度类型总结

问题	这一类别没有问题	
主动模式	很少考虑或根本不考虑，立即行动为动力	
被动模式	有动力等待、分析、考虑和做出反应	
在工作情境下的分布	15% ~20% 主要为主动模式 60% ~65% 主动模式与被动模式对等 15% ~20%主要为被动模式 （在工作情境下，根据罗杰・贝利的数据）	
有影响力的语言	对主动模式的人	行动吧；投入；搞定它；不要等；只管去做；现在
	对被动模式的人	理解；想一想；等一等；分析；考虑；可以；可能；会

第2章

网络骂战的诞生

反应标准——寻找“热键”

我问西蒙娜（Simone）：“你想从你的工作中得到什么？”她回答说：“一种挑战，让我能够利用现有的技能并开发新的技能，获得丰厚的报酬，并且与人共事。”这些都是西蒙娜工作中对她很重要的东西。但是这意味着什么？西蒙娜给了我她的工作“标准”。

“标准”是我们用来描述一个人区分什么是好的，什么是坏的，什么是可怕的，什么是错的，什么是对的等方式的术语。标准是我们赋予自己价值观的个人标签，是我们珍视的东西。

一个人的标准就是那些能激起身体和情感反应的词，我们可以称之为“热键”。这些词本身与我们人生中经历的一系列情感上的类似事件有关联（或者长留在我们的记忆中）。所以，当一个人听到他们的标准之一时，这个词本身就会激发与之相关联的情感反应。

每个标准都有自己的定义。一个单一的标准是由许多元素组成的，既有有意识的元素也有无意识的元素。你可能永远不需要知道一个人对他的标准的定义，在这种情况下，你只想知道他使用什么词语来描述在特定情境中令他兴奋的事情。

在家庭里，每个人都知道对方的负面热键。家里的其他成员都知道，如果他们说出某个特定的词或短语，你会做出特定的反应。

许多人都参加了人际交流课程，学习基于卡尔·罗杰斯（Carl Rogers）著作的积极倾听（Active Listening）技巧。积极倾听包括解释对方所说的话，以便向他们展示你所理解的。我们现在可以理解，如果西蒙娜说她想要“挑战”，而我这样再现她的话，“所以你想要一些富有挑战性的东西”，这并不会带给她完全相同的体验。

当我将你的话解释成我自己的话时，这些话更多地与我的现实而不是你的现实有关。为了解决这个问题，也为了让别人知道你理解他们，要重述他们的关键词和标准。能引出标准的其他问题：

◎ 你希望（工作、家庭、配偶等）……给你带来什么？
◎ 对你来说什么是重要的？
◎ 什么是有价值的？
◎ 必须有什么？
◎ 你想要什么，成为什么，或者做什么？
◎ 在这个项目中，需要什么才能满足你的所有需求？

按重要性建立标准等级

了解如何发现和使用标准，可以让你确定在特定的情境中哪些更重要，哪些不那么重要。你可以自己这样做，也可以和他人一起做。我将展示和西蒙娜一起做的情况。这种技巧被称为建立标准的等级。

作者：西蒙娜，在工作中有很多事情对你来说都很重要，咱们把这些事物列出来吧。

西蒙娜：一种挑战，让我能够利用现有的技能并开发新的技能，获得丰厚的报酬，与人共事。

我们在此看到4个标准，并且并不知道对西蒙娜来说哪些是必要的，哪些是可选的，或者哪些是最重要的。作为倾听者，我可能认为其中一个比另一个更重要，但那只是幻觉。

作者：西蒙娜，请想象一下，我有几个工作可能符合你的需求。在这只手上（伸出我的左手，掌心向上），你会得到一份充满挑战的工作。而在这只手上（伸出我的右手，手掌向上，两手远远地分开），这份工作可以让你利用现在的技能，并发展新的技能。哪一个更吸引你呢？

西蒙娜：有挑战的那一个。

如果你仔细观察，你就经常能看出一个人在说话之前就已做出的选择。把你的两手远远地分开很重要，这样对方就能感知到两种不同的选择。

我不知道西蒙娜是如何处理这个选择的，但通过把每个选择放在不同的手上，我为她创造了一些更真实或更具体的感受。

如果我要做笔记，我该如何写下她的选择？一个简单而快捷的方法是列表中的“挑战”向下画一个箭头到“让我……”,表明“挑战”比“让我……”重要。

作者：在我右手中是一份能给你带来挑战的工作。在我的左手中是一份有丰厚报酬的工作。如果你必须做出选择，你想要哪一个？

西蒙娜：嗯……，有挑战的那一个。

作者：所以，挑战是目前最重要的。好吧，我左手中是一份有挑战的工作，右手中是一份让你与人共事的工作。你更喜欢哪一个？（我不断切换挑战所在的手，以免使之与其中一只手产生关联。）

西蒙娜：还是挑战。

我们现在知道，挑战是西蒙娜在工作情境中最重要的标准。

为了完成等级构建，我们还需要像刚才那样，将所有其他选项相互比较。

作者：西蒙娜，我左手中是一份能让你利用现有技能并开发新技能的工作，而我右手中是一份有丰厚报酬的工作。你想要哪一个？

西蒙娜：丰厚的报酬。

作者：然后，我左手中的工作有丰厚的报酬，右手中的工作能让你与人共事呢？

西蒙娜：丰厚的报酬。

作者：最后，与人共事在我左手，让你利用现有技能并开发新技能在我右手呢？

西蒙娜：与人共事。

现在我们将西蒙娜的标准按照对她的重要性排序如下：

1. 一种挑战；
2. 丰厚的报酬；
3. 与人共事；
4. 让我能够利用现有的技能并开发新的技能。

如果你需要帮助别人做决定（例如在销售方面），这是一个非常有用的能为客户指点迷津的程序，也可以用于培训员工或客户。我用它进行职业培训，这时我也需要让客户定义每个标准所包含的内容。

让某人定义自己的标准，最简单的方法是问："什么样的实例算是有挑战性？"这个办法很有效，因为人们通常无法对与一系列记忆和情感直接联系在一起的事物给出一个直接的定义。

使用标准的等级，也能极大地缩短一些决策的过程。这是一种帮助人们将思想、灵魂和身体都用于决策的方法。当你创造出一个具体的、强迫性选择情境时，人们往往会被其中一个选项吸引。

拿不定主意吗?

有时候，一个人会因为手中有两个选择而难以取舍。你可以在他们试图做出选择时，通过观察他们身体的摇摆来证实这一点。这意味着什么，你会怎么做？我列举了5种情形：

1. 这个人不接受这样的主张，即“他必须在他想要的两种事物中做出取舍”。
2. 一种标准是另一种标准的组成部分。
3. 这个人对同一组经历有两个标签。
4. 一种标准催生了另一种标准（对这个人来说是因果关系）。
5. 这个人认为这两种价值观或标准之间有冲突。

在第1种情况下，如果这个人不能或不愿意做出取舍，请征得他们的同意来进行这个活动。你可以请他们想象，如果他们必须做出选择（并且知道在现实生活中，他们实际上可以二者兼得），哪一个更吸引他们？

在不同的国家中推行语言行为模式项目时，我注意到一些文化差异有可能会使一些人很难配合并选择吸引他们的标准。而有一些文化认为你想要的一切都能实现，此时选择是不成问题的。

实际上，很多人不认为生活就是得到你想要的，而是认为生活就是做你应该做的事。他们无法在两种标准之间做出选择的原因是，他们认为他们可能想要的东西与他们应该做什么无关。

外部考虑的分量大于他们自身的欲望。当在一个群体中这都成为一个问题时，我们就要讨论怎样才能做出好的决定。如果一个人可以从他们的顾虑和义务中解脱出来，只需在一瞬间考虑一下什么对他们有吸引力，他们就有机会弄清楚什么对他们来说是重要的。然后，他们可以考虑并斟酌他们对外应承担的义务。

第 2 种情形下，有时他们不能选择，是因为一个标准是另一个标准的组成部分。换言之，一个标准包含在另一个标准中。为了验证是否如此，你可以这样问："让你能够利用现有的技能并开发新的技能，对你来说是挑战的一部分吗？"在这种情况下，你可以将作为组成部分的标准包含在较大的标准中，并且仅使用较大的标准。"所以，当我们谈论挑战时，我们知道它已经包括了让你利用现有技能并开发新技能。"

第 3 种情形下，这个人对同一组经历有两种标签。如果这两种标签意味着同样的事情，这个人就很难做出选择。比如说，我们假设一个人不能在有趣和挑战之间做出选择。为了对此做出测试，你只需问："对你来说，有趣和挑战真的是一回事吗？"如果对方说"是的，有挑战的时候总是很有趣的"，你就知道（无论如何在他心里）两者是紧密相连的。在这种情况下，你就可能希望同时使用这两个标签来与此人保持融洽的关系。

第 4 种情形下，一个人相信一个标准会导致另一个标准的产生，即所谓的因果关系。你可以这样测试，比如问："对你来说，挑战会让你利用现有的技能并发展新的技能吗？"

第 5 种情形下，此人认为这两种价值观或标准之间存在冲突。

他们会前后摇摆，可能会大声地对自己或别人说“是的，但是”。在这种情况下，你可以预料，此人将很难在当前情境下做出某些决定，并且会感到陷入了一种“卡住”的状态。

如何精确地找到你的标准？

当你问一个人“你想要什么？”或者“什么是重要的？”时，这个人列出了15或20件事物，这意味着什么？意味着这个人可能难以满足。如果她有15或20个标准，却分不清其中哪些更重要，她可能很难做出决策，甚至都不知道她想要的究竟是什么。你能想象一个女人用15条标准寻找她的梦中情人吗？

什么是决定？通常做决定包括在两个或两个以上的选项中进行选择。对于一个有许多未加区分的标准的人，你可以做的最大的好事就是帮助他们创建标准的等级，然后让他们确立一个底线分界点，确定哪些是必须存在的，哪些是可选的。

譬如说，如果你正在考虑购买一件产品，那么它必须具备什么？如果你正在考虑结婚，那么对你来说，这个人和这段关系最重要的是什么？要记住，当情境变化时，你的标准也会随之改变。大多数人对一间房子和一位配偶的需求是不一样的。

在设定目标的过程中，你需要把成功的标准罗列出来，并对其重要性进行排序。我们知道，那些为自己的目标明确定义了标准的人，更有可能快速地实现目标。通过定义标准，你将使目标变得更加切实和具体。

我针对这方面的技巧培训过一名房地产经纪商。他在聘用员工时使用了等级标准，以确定候选人是否拥有他在工作中最期望的优点。他问他们："在工作中，什么对你来说是重要的？"然后他又装作漫不经心地问道："如果你必须在两种工作中做出选择，一种是你必须具备团队合作精神（他伸出了左手），另一种是你可以成为自己的老板（他伸出另一只手），你会选哪一种？"

如果你打算和某人一起启动一个项目，或者为一个团队或任务组选择成员，你可能想看看对每个潜在成员来说什么是重要的。他们是否具备你所期望的价值观。你可以问他们这些问题：你想从这个项目中得到什么？你想在公司里干什么？你想在一个团队里干什么？什么对你更重要？这个（伸出一只手）还是这个？你会发现，把这件事情融入日常对话是很容易的。

我是地方基督教青年协会（Young Men's Christian Association，YMCA。——译者注）的咨询委员会成员之一。我们级别最高的女职员退出了协会，因为她被告知她不可能在当地的一个分支机构担任全职执行理事。由于她的离开，青年协会进行了改组，并突然设立了一个全职执行理事的职位。作为一名委员，我因为这种不公平的情况而勃然大怒。

此外我还知道一件事情，我负责成立一个委员会，检查我们的协会是否存在系统性障碍，使一些员工无法获得与其他员工同等的机会。我们还要就如何成为更好的雇主提出建议。

我们设定了一些目标，制定了章程，然后准备给委员会起个名字。一些成员建议，依照新近通过的一项立法命名为"平等雇用委员会"

（The Employment Equity Committee）。我提出，很多人（尤其是白人男性）会感到这项立法极具威胁，如果我们认同它，我们将很难从基督教青年协会工作人员那里得到合作。

于是我们给自己取名为“公正雇用委员会”（The Fairness in Employment Committee），并在分发雇员问卷时获得了85%的回馈率。我对委员会的观点是，我们需要取一个对所有工作人员都有积极含义的名称，并确保我们避免任何负面的热键。

标准的影响力在于达成共识

研究人员针对根深蒂固的政治信仰进行了实验，以观察当出现提出与这些信念相反的证据时，人的大脑中会发生什么变化。当面对与自己的信念相反的证据时，人的背内侧前额叶皮质和杏仁体的活动将会增加。这些是人脑中与自我认同和负面情绪相对应的区域。我们在这些区域思考自己的身份和感受威胁。

当我在为一些群体进行标准方面的培训时，我们经常做一种非正式的实验，即将他们的标准先以口头形式从他们那里剥夺掉，然后再还给他们。

通常他们无论身体上还是情感上都会经历从严重不适到大感宽慰的变化，其程度令他们惊讶。越来越多相关的人脑研究表明，当人们面对与自己的信念和价值观相悖的信息时，他们的大脑也会做出消极反应。

根据这项研究，一个人怎样才能改变另一个人对任何事情的看法呢？反驳一个人，效果可能适得其反。就像前面提到的影响和说服原则一样，重要的是首先要去理解他的观点，不加任何说辞地承认他们和/或他们的标准。

我曾与一位客户交谈，他当时非常沮丧，因为与他在东欧市场通常获得的结果相比，他在北美的在线营销努力没有“获得预期的吸引力”。我想让他尝试一位著名的网络营销专家的新策略，于是我在下次见面之前给他写了一封电子邮件，预先提出了我的建议。

因为他担心不能获得期望的吸引力，也许我们可以讨论用我为他概述的策略做一个A/B测试（比较两种营销方法的结果），他对此反应相当强烈。

2018年，布雷特·卡瓦诺（Brett Kavanaugh）法官被提名为美国最高法院大法官，而克里斯蒂娜·布莱西·福特博士（Dr. Christine Blasey Ford）对他提出性侵犯指控。我针对这场争议存在的潜意识的性别隐喻发表了一篇博客文章，收到了对于我的研究方法的评论。其中有一个人，我们大部分政见都不同，他反对我的博客内容。他写道：“你可以考虑在你的评论中加入这些信息。”攻击卡瓦诺的电子邮件中包含了大量来自右翼人士关于民主党对卡瓦诺攻击的视频剪辑。

我在回信时，首先表达了我收到久未联系的他的来信很高兴，并问候了他的近况。继而，针对一句我们双方都可能同意的陈述，我说出了人类交流中最有力的词语：“你说得对”。然后我简单地解释了我在博客中试图做的事情，还热情地向他致敬。

下面是我给他的回信，以及他令人惊讶的回复：

×××：

你好！

很高兴收到你的来信！近来可好？我们以前一起讨论过你负责的项目，现在我都还很好奇它们的进展情况呢。

你说得对，还有多方面因素影响着当下发生的事。在这个高度政治化的环境下，每个人的动机都基于自身利益。我只是想分享一下苏齐特·黑登·埃尔金（Suzette Haden Elgin）基于隐喻的分析。

热烈的拥抱！

雪莉

雪莉：

你好！

最近两年真像是处在一场旋风之中。（个人健康的变化和主要项目的进展都是如此。）

我家里一切都好，孙女们的足球比赛也很棒。谢谢你寄来的分析文章，但愿我们双方能够努力，重新达成共识，帮助每个人，而不是分裂我们。他们似乎惯于用这种方法筹集大量资金，因此可能很难改变。我也认为只有一种观点是行不通的。我相信你的异地婚姻仍然美好。

祝安康！

×××

我的方法是首先以个人的身份同他联系，避免直接对抗他的观点，寻找有共识的领域（标准），并解释自己的观点，而不是试图改变他来接受我的观点。我很高兴他也放宽了视野，着眼大局，并希望未来我们能达成更多共识。

这段对话与社交媒体上典型的、因价值观冲突而引起的争论形成了鲜明的反差。

在社交媒体上，人们在经历了一轮又一轮的人身攻击后，最终会像戈德温法则（Godwin's Law，戈德温法则认为，随着在线讨论时间变长，参与者将纳粹或希特勒纳入类比的概率就会趋近于1。即如果在线讨论持续的时间足够长，迟早会有人将另一个人指斥为阿道夫·希特勒或纳粹，有效的讨论或线索通常在这个点上就会结束。——译者注）所说的那样，将对方斥为纳粹分子。

小心地兑现承诺

收集某人的标准是销售和任何影响或说服过程的必要前提。不熟练的销售人员只是一味地推销他们的产品（而且通常采用的是他们自己的标准），而没有考虑到潜在客户的实际需求。“女士，这辆车有你想要的一切：很长的行驶里程，出色的操控性，两边都有漂亮的贴花！”这就是我所说的“瞎猜乱撞”法。谁知道呢？他们没准儿还真能瞎猫碰上死耗子呢。

许多市场研究人员都会调查人们的标准，以便使广告活动能准确措辞，与他们希望影响的群体的关注焦点相匹配。如果你想获得并维持某些人的兴趣，你就需要将你的建议与他们的标准联系起来。

在开始演讲之前，我经常会找机会问听众：“对你来说这个话题的关键点是什么？”或者：“如果你知道怎样理解、预测和影响行为，你想用这种能力做什么？”如果有人告诉我，他们想“知道如何在谈判中提出自己的建议，以便被对方接受”，那么我会确保把这些标准与我要阐述的观点联系起来。

许多人都低估了匹配别人标准的力量。有一次，为了给一个小组做演示，我向一位女士谈到一个工作机会，使用了所有她高度认可的标准。我根本没跟她说这份工作是什么，只是利用了她的标准：“人们真的需要你，他们会欣赏你所做的事情，你将全权负责这项工作，而且工作时间是有规律的。”她甚至还不知道这是份什么工作，就说了她会接受这份工作。

我认识一个人，他从新英格兰搬到加利福尼亚州寻找符合自己标准的工作机会，却发现工作和公司根本没有达到他的期望。当你用别人的标准来说服他们时，你需要小心地兑现你的承诺。否则，他们的失望和愤怒很可能会指向你。

标准是触发情绪的语言扳机，无论是正面情绪还是负面情绪。我儿子上一年级的时候，在学习阅读方面有困难。一开始我们在家练习，后来老师给他报名参加了阅读俱乐部。家长志愿者将阅读俱乐部的成员带出课堂，帮助他们提高阅读技能。到一年级结束时，我儿子取得了一些进步。他向我总结了自己的经验：“只有傻孩子才会去阅读俱乐部。”

二年级一开始，我就去见了老师，因为他们想让我儿子再次加入俱乐部。我向他们解释了阅读俱乐部对我儿子的意义，并表达了我不想让他再次加入的意愿。经过多次讨论后，他们同意了，我也同意继续跟儿子商量这件事。两星期后，儿子对我说："今年他们没有让我参加阅读俱乐部，那是因为我擅长阅读。我可不傻。"在接下来的几个星期里，他的阅读能力迅速提高。

请记住，为了通过标准去影响别人，一定要准确地按照别人的表达方式来陈述。在与潜在客户合作和指导客户时，这一点尤为重要。在这些情况下，如果你用自己的话解读，你可能就会注意到融洽程度和联系感的降低。相反，当你使用其他人的标准来表述时，他们会立刻点头确认。

表 2.1　反应标准类型总结

反应标准	一个人给事物所贴的标签，在特定情境下对他们来说很重要。它们就是热键，因为它们依附于情感和记忆
问题	你想在……中得到什么， 对你来说什么是重要的
有影响力的语言	用对方的标准来吸引和维持兴趣：当一个人听到他们自己的标准时，他们会立刻感觉到与这些词语所依附的情感

第3章

刻板印象潜藏融资秘诀

行动方向——趋向模式与避离模式

当你掌握这一类别后，你就能够预防和避免许多问题，并知道如何更有效地达成你的目标了。这一类别中有两个触发点，用于描述一个人在特定情境中的移动方向。他们或者趋向于目标，或者避离问题。

趋向模式

在特定的情境中，具有趋向模式的人专注于他们的目标。他们考虑自己想要什么及想要实现什么目标。他们的动机是去拥有、争取、实现、获得等。

由于他们专注于要完成的最终目标，他们往往擅长管理优先事项。此外，他们会因为实现他们的成果和得到他们想要的东西而感到兴奋和充满活力。

他们可能很难注意到应该避免什么，或者察觉到问题。在极端情况下，他们会被其他人视作幼稚，因为他们根本不考虑潜在的障碍。

避离模式

具有避离模式的人会关注应该避免和摆脱什么。当有问题需要解决或有事情需要避开时，他们的动机就会被触发。他们会因为威胁而变得精力充沛。

一位销售人员曾对我说："如果我不出去推销，到了月底我就付不起账单了。"例如，截止日期会让这些人行动起来。在特定情境中具有避离模式的人擅长于调解纠纷、解决问题，以及在规划过程中准确地指出可能出现的障碍，因为他们会自动地发现问题或可能出现的问题。

他们可能很难保持对目标的专注，因为他们很容易被消极的情况分散注意力并被迫做出反应。他们属于那种为了解决问题而放弃一切的人。在极端情况下，他们会忘记什么任务需要优先处理，只专注于处理危机。

如果这样的人在部门或组织中担任最高领导，整个组织就可能按危机管理（crisis management）的方式来运行。他们在管理优先事项时恐怕会遇到困难，因为任何地方出错都可能吸引他们的大部分注意力。

在特定情境下具有强烈避离取向的人，会容易令人厌倦或者被认为是悲观怀疑论者，尤其是趋向模式的人更会这样认为。

在特定情境下，大多数人都会有一个主要是趋向或主要是避离的模式。

问题：

为什么拥有“那个”（他们的标准）很重要？（问3遍以上）

趋向模式：句子结构

◎ 谈论他们所获得的荣誉、得到的认可、拥有的能力等。

◎ 包容。

◎ 他们想要的及他们的目标。

趋向模式：肢体语言

指向某物，点头，包容的手势。

避离模式：句子结构

◎ 会提到要避免、摆脱的情况。

◎ 排除不想要的情况、事物和问题。

偏离避离模式：肢体语言

排斥的手势，摇头，用手臂表示要避免、摆脱某事物。

听一个人在说了“因为”这个词之后说什么。它要么是一个趋向模式的表述，要么是一个避离模式的表述（表3.1）。

表 3.1　不同类型的典型语言

类型	典型语言
趋向模式	“我会得到个人的满足和晋升。”
以趋向模式为主	“我将得到晋升、个人的满足，赚更多的钱，而不必再四处奔波。”
趋向模式和避离模式对等	“我将得到个人的满足，且不必再四处奔波。”
以避离模式为主	“我不用处理所有这些日常事务了，也不用经常离家外出了，而且，我还会得到晋升。”
避离模式	“我要远离这无聊的工作、截止日期，还有时时对我不放心的老板。”

问一系列问题或用阶梯式方法提问。例如：

作者：亚当（Adam），你想从工作中得到什么？（标准）

亚当：我想变得更高效，更精通业务，更有趣和更认真。

作者：好吧，亚当，为什么觉得这些很重要？

亚当：为了帮助别人。

作者：为了帮助别人。这又为什么重要呢？

亚当：因为我从帮助别人中得到满足。

作者：那么这又为什么重要呢？

亚当：嗯，这就是我想从工作中得到的。

下面是一个不同的例子：

作者：乔安妮（Joanne），你想从工作中得到什么呢？

乔安妮：我想知道我必须做什么，并根据我自己的表现进行评估。

作者：为什么这很重要？

乔安妮：这会给我一种平静感。

作者：这又为什么重要呢？

乔安妮：如果我自己不能平静下来，我也没法平静地对待我的孩子们。

作者：这又为什么重要呢？

乔安妮：这样我就不会打孩子们了。

乔安妮想要满足她的标准，是为了防止某种结果；而亚当被激励去达到他的标准，则是为了得到某种结果。

我们之所以多次询问行动方向问题，是为了更准确地了解这个人把精力放在什么地方。当我们只问一次问题的时候，我们得到的常常是单一的趋向模式的答案，而不管这个人的实际模式如何。我们中很多人都认同"积极思考的力量"，因此低估了认识问题的重要性。

将下面的问题问上三次，找出在这种情境下是什么激发了这个人的行动：有什么意义？何苦如此？……的重要之处是什么？这对你有什么好处？

那么，你为什么要辞去上一份工作？因为你再也受不了了，还是因为有更好更重要的事去做？你为什么离开你的前任配偶？因为你不开心，还是因为有别人将进入你的生活？你上次为什么休假？

是因为你想从苦差事中解脱一下，还是因为你对某件事特别感兴趣？你可能在一种情境中有趋向模式，在另一种情境中有避离模式。

你的方向会随着时间的推移而改变吗？是的，可以。仅仅是你对一个重大事件的反应，就可能改变你的模式。譬如说某人在某一情境中有趋向模式，并且有各种可能不利于健康的习惯。这时他爆发了一次心脏病，接下来会发生什么情况？因为心脏病是一种让人难受但印象深刻的经历，他恐怕会改变方向，开始避离健康问题。他可能会转变行为，戒烟，多做运动，改变饮食习惯等，因为他不想让心脏病再次发作。一些成瘾治疗项目就是以此为基础展开的。

还没有动力去改变吗？有时候，人们不在生活中做出改变，是因为他们还没有触底。问这样一个问题或许有帮助："你现在是觉得已经足够糟糕了，该做出改变了，还是宁愿等到感觉更糟时再做决定？"

有影响力的语言

适当地使用有影响力的语言，会使你得到一个人全部的注意，你建立的关系会更深入，因为你已经匹配了对方的想法。你不需要花很多时间来达到相同的目的，因为你已经建立了融洽关系，可以避免很多误解。下面是一些可以使用的典型语句：

趋向模式

实现；获得；拥有；得到；包括；取得；使你能够；获益；优势；这就是你要完成的。

避离模式

不必；解决；防止；避免；弥补；预防；不必处理；摆脱；不完美；让我们找出问题所在；不会有问题的。

从“无动机”到“最强动机”

几十年来，人们一直在教导和学习设定目标的重要性。很多事实证明，如果你没有目标，你很可能无法发现你真正想要什么。最后这句话是趋向模式的表述还是避离模式的表述？是避离模式的。意思是说如果你没有目标，你将一事无成。

当讨论一个人的动机方向时，我们其实是在谈论什么会激发他们做某事，比如设定目标。为什么我要为自己的事业设定目标？因为如果我不这样做，我就会陷入混乱。我的确设定了目标，但我在工作中有避离模式。

对我来说，这意味着无论什么杂音，当达到最响程度时，都会使我分心。为了专注于我所需要完成的事情（特别是为了避免陷入混乱），我经常问自己：“我在做什么事情？”这有助于我重新把精力集中到我真正需要做的事情上。对避离模式的人来说，另一个适宜问自己的有益问题是：“这项活动怎样才能符合我想要完成的目标？”

偏于趋向模式的人需要问问自己：我的计划行得通吗？我还需要预料到什么吗？还有我没想到的漏洞吗？他们可能需要一个故意和他唱反调的人，以确保他们是现实的。

团队中趋向模式的人员和避离模式的人员保持良好的平衡，将有助于确保设定目标，制订周密的应急计划，并将工作重心始终放在优先事项上。

约翰·奥弗杜夫（John Overdurf）是我认识的一位优秀的神经语言程序学培训师和教练。有个客户来看他时说："我很难过，我的人生彻底完蛋了。我已经第四次成为百万富翁了。"乍一听，你可能会说："你已经四次成为百万富翁了。那么，有什么问题吗？"让我们想一想。如果他曾经四次成为百万富翁，那就意味着他至少三次失去了他的钱。让我们看看发生了什么事。

约翰问了他一些问题，发现他在工作中是极端的避离模式。激励他的动机是摆脱贫困。咱们用一个坐标图（图 3.1）来理解他的模式。纵轴表示的是他的受激励程度，或者说他的动机强度，从底部的"无动机"到顶部的"最强动机"。

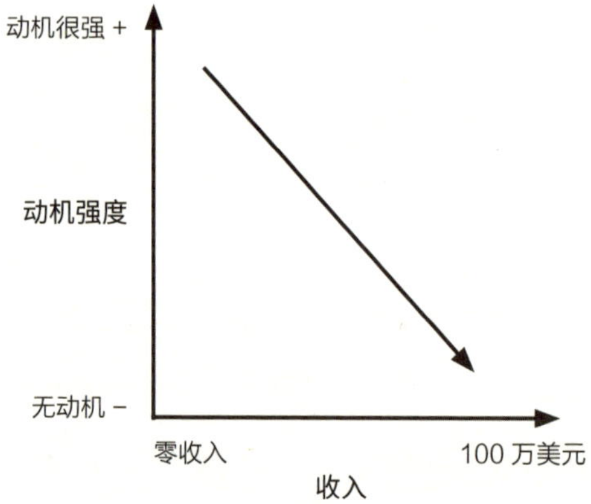

图 3.1　动机随收入的变化而变化

用横轴来表示收入，从零收入到 100 万美元。如果他摆脱贫困的积极性很高，那么在零收入时，他受到多大的激励呢？不难看出，此时他的动机非常强。当他赚到钱时，他的动机发生了什么变化呢？他的动机水平随着收入的增长而下降。一旦贫困不再成为问题，他就不会按照合同完成工作，或者忘记向潜在客户报价，或者拖延项目而不跟进。当大合同来临，将把他推过百万美元的界线时，他就会想："啊，等我有空的时候，我会做的。"反而是在他受到贫困威胁时（无论这对他意味着什么），他会非常积极地去做任何能带来收入的事情。

尽管这是个极端的案例，但它解释了为什么高度避离模式的人们需要定期把精力重新集中到他们想做的事情上。

如果一个人对"为什么这很重要？"的回答是"自由"，不要因此而判断他是趋向模式还是避离模式。要进一步探查，看看这是趋向的自由还是避离的自由。

难以实现长期目标？

有时人们会热切地开始他们的目标并实现它们；有时候他们开始了，却没有完成（想想那些新年计划、年初办的健身房会员卡等）；有时人们就是迟迟不开始，即使他们口头上说这对他们很重要。为了提高你的个人效率，请注意当你实现了目标和没有实现目标时都发生了什么。

例如，你是否曾难以启动一个长期目标？于是你可能需要一些不希望发生的事情促使你行动起来（避离模式的动机）。当我注意到我的牛仔裤紧崩时，我就会发生这种情况。这种不受欢迎的情况促使我重新开始我的健身和饮食计划。虽然这是一个好的开始方式，但是不能让我长期保持动力，就像约翰的客户想要“摆脱贫困”的例子一样。

如果你想长期保持你的动力，就把你想要的东西在眼前形象化。比如，我会看一段我试穿我最喜欢的紧身牛仔裤的视频。感受画面的吸引力，就会把你拉向它。这样你就能同时利用避离模式和趋向模式的动机，帮助自己获得并保持动力，以实现长期目标。

如果你热切地开始了你的目标和项目，满怀期待地要实现它们（趋向模式的动机），然而过了一段时间又失去兴趣，那你就需要添加一些避离模式了。问问自己：如果不能完成，会有什么消极后果？这就是设置最后期限的作用。如果没有在最后期限前完成任务，就会有消极后果，这可以帮助你激励自己坚持不懈。

我在组织一个协会的创建工作时使用了这个办法。志愿者委员会必须在即将召开的成立大会的截止日期前完成所有的准备工作，以便能如期举行成立大会和年会。那个截止日期使我们始终保持着生龙活虎的状态。

当最初了解到这些倾向时，许多人都将趋向模式的人归类为积极，而避离模式的人则被视为消极。这种判断来自于对“积极思维”这个词的某种解释。但是请记住，这些模式只不过是激发某人开始行动的触发点而已。

曾有人引用特蕾莎修女（Mother Teresa，世界著名的天主教慈善工作者，被誉为“贫民圣人”，于 1979 年获得诺贝尔和平奖。——译者注）的话，她说她开始工作的动机是在当“我发现我心中出现了一个希特勒”时。她的动机方向是避离模式的。

许多议院游说团体从本质上讲，其动机也都是为了避离某些他们不同意的做法。这些团体，以及其反对党（“反对”这个词本身，难道不就是避离模式的吗？）注意到的往往是政府在环境保护立法、受害者保护法、核安全法规、福利改革等方面的不足或错误。许多新闻工作者也都有这种触发点。

2018 年，在英国脱欧危机期间，时任首相特雷莎·梅（Theresa May）领导的保守党内阁的一些成员叛变，对她进行了猛烈抨击，指出了她当时在与欧盟谈判达成的协议中存在的问题，却没有提出替代方案。他们是在“避离”他们不想要的协议。

不断升级的劳资纠纷

在劳动关系和谈判的情境下，冲突的产生不仅仅是由于劳动者和管理层的既得利益常常相反，也因为这两个群体之间的文化差异而产生。如果我能概括一下，高层管理者通常主要是趋向模式的。制定公司发展目标、商业计划、任务目的等都是趋向的活动。工会存在的主要原因是什么？再概括一下，工会存在通常是为了保护其成员免于灾难，如低工资、恶劣的工作条件、裁员等。

通常，管理层和劳动者说的不是同一种语言。管理层倾向于通过谈判实现目标，而劳动者则试图阻止某些事情的发生。

在许多劳资冲突中，都有这些模式在起作用的鲜明例证。主要问题可能出现在就业保障、退休福利等工会决定阻止管理者改变的项目，特别是在私有化、裁员，甚至工厂关闭的情况下。为了提高竞争力，管理者也倾向于修改合同。在这个例子中，双方都在朝着不同的方向前进，正如不断升级的劳资纠纷，双方都有不同的标准。

如果劳动者和管理者都能学会理解对方的触发点和标准，学会用对方的语言说话，他们就能减少冲突、提高达成一致的概率。当然，在现实中，并不是所有工会都有避离式动机，也不是所有的雇主都有趋向式触发点。

魅力十足的企业家

《科学美国人》（*Scientific American*）中一篇关于获取创业投资资金的文章显示，投资者除了对业务或理念进行评估之外，会“压倒性地为那些抱有积极看法的创业者提供资金，而不管他们对企业的评估如何”。

但是投资者依据什么对创业者进行判断呢？作者的研究表明，投资者（无论男性还是女性）倾向于问男性创业者“如何才能成功”的问题，而问女性创业者“如何才能避免失败”的问题。这意味着男性创业者要回答的是趋向模式取向的问题，强调机会和促销策略，而女性创业者则要回答的是避离模式取向的问题，关注的是潜在的限制和问题。

作者的结论是：“男性更有可能被视为魅力十足的企业家，他们创办的企业将成为亚马逊、谷歌或优步那样的公司。女性则相反，会被想象成那些只为能开门而奋斗的名不见经传的小企业或者是生活时尚公司的老板。”融资结果表明了投资者的趋向 / 避离模式倾向：

他们对男性创业者偏于趋向模式，对女性创业者偏于避离模式。虽然女性企业家拥有美国38%的企业，但她们只获得了2%的投资资金。

怎么办？作者指出，如果创业者回答的是避离模式的问题，他们得到的资金平均要少得多,但如果他们把焦点转移到“促销”策略上，并使用目标取向（趋向模式）的语言，结果就会大为不同。

对于所有寻求融资的创业者来说，有一个很好的提示：如果投资者问你一个以困难为焦点的问题，那么你可以一开始先简短地说明一下如何避免这个困难，然后迅速把话题转到如何实现你的目标上。

预防医学

有些职业本质上就是趋向模式或者避离模式的。例如，医学依其通常在西方的实践，是高度的避离模式。作为一种文化（不同于个体模式），执业医生倾向于关注患者出现了什么问题。他们避离疾病和死亡。我曾对一家医院的所有药剂师进行过分析，发现17名药剂师中，有14名在工作情境中是主要的或高度的避离模式。另外3名也只是稍稍偏向于趋向模式。作为一种文化，医疗业是如此地倾向于避离模式，以至于当医务工作者在想到整体健康（Holistic Health）是一件值得考虑的重要事情时，他们称之为预防医学（Preventive Medicine）。

偏离取向很适合于诊断和治疗（摆脱）疾病。你能想象当你急匆匆地去看医生，见到她时，她却无视你的症状，只问你的健康目标吗？当你审视不同模式时，你会发现你能推断出不同职业的文化模式。

招聘一名工厂经理

如果你要进行招聘，先了解这份工作的日常活动主要是排除故障和解决问题，还是专注于实现目标，这是很有用的。

为了帮助一家设计和制造公司招聘 1 名工厂经理，我需要一份此人将履行的职责和任务的清单。任务包括监测生产报告，调查生产、运输和一些数据输入的错误原因；确保货物运输妥当；质量监控；符合政府规定；与供应商谈判及设备维护。除了与供应商谈判之外，满足这些职责所需的大部分活动都是寻找、预防和解决问题。

一名趋向模式的工厂经理可能会忽略许多潜在的错误和遗漏，却会一往无前地去实现生产目标。（我注意到，许多避离模式的人则把“目标”称为“截止日期”。）我也分析了高级管理层的情况，以确保团队中保持平衡，从而会有人关注并保证目标的实现。

如果你想雇用充满干劲的人来执行手头的工作，请确定该工作主要是目标取向的还是关于故障排除的。你是需要一个对着目标努力而兴奋的人，还是一个乐于解决危机的人？你可以在本书的 21 章找到如何写招聘广告来吸引“合适的”候选人。

“如果不能按时完成任务，这可能要我们的命。”

大部分管理者都已经拥有了一个由现有员工组成的团队，所以最好是让他们发现自己的优势并充分利用这些优势，而不是忍受劣势。

为了使趋向模式的员工得到激励并保持积极性，他们需要能够让他们朝着某个目标努力的任务。你可以告诉他们做某项工作的好处，比如提高效率，增加部门收入或者赢得奖金。在会议中，他们想要专注于目标，对讨论哪里可能出错或正在出错会缺乏耐心。他们会认为谈论这些是跑题。你需要向他们解释讨论潜在问题的好处，并确保用趋向模式的语言来沟通："如果我们讨论潜在的问题并做出预案，我们就能更快地达到目标。"这种说法比下面的说法更适当："如果我们现在不正视问题，以后就会措手不及。"

如果放任他们自己去实现目标，趋向模式的员工（尤其是当他们也具备主动模式时）很可能会捅出一些令人意外的篓子来，因为他们会忽视潜在的障碍或不可预见的负面后果（图 3.2）。

图 3.2　一条高度趋向模式的狗

处于高度趋向模式的狗，不顾牵绳的主人的安危，一个劲儿向前冲

避离模式的员工会把会议导向讨论障碍和方案中的问题。为了帮助他们在会上接受和支持设定的目标，要用避离模式的语言向他们解释为什么牢记目标能防止团队失去重点，以免造成资源的重大浪费，从而也会给他们预留时间用于灾难预防。

至于任务，给他们要解决的问题和要解决的事情，正在迫近的灾难将激起他们的斗志（图 3.3）。“如果不能按时完成任务，这可能要我们的命。”作为管理者，你对避离模式的员工所能做的最坏的事情，就是否定他们的所有问题。“我想,恐怕没有任何毛病。”作为管理者，你想必也不愿应对把一项趋向模式的任务交给一名避离模式的员工所造成的后果。

图 3.3　措手不及

避离模式可以预见规定任务下的问题，却难以察觉正在迫近的灾难

我还建议你不要让趋向模式的员工校对文件，他们不大可能挑出错误。如果你注意到文本中的错误，就仿佛它们是自己从页面中跳出来一样，那么在阅读的情境下你就是个避离模式的人。我曾将本书的初稿交给一位朋友审阅，却忘记了她是个趋向模式的人。她

除了加了几个逗号外，只是说“这书太棒了”，然后就跟我大谈起她喜欢的书稿中的一切。

写作障碍的治愈妙法

当你写信、写报告、写文章或写书的时候，你是否遇到过写作障碍？如果这种情况经常发生，那么在这种情境下，你也许有避离模式。对于避离模式的人而言，让他们去纠正错误，比让他们始终专注于文章的目的要容易得多，也更有动力。

我的哲学是扬长避短。因此，当我了解了自己的避离模式后，我在写本书第一版时，决定做我最擅长的事情：修改现有的内容。为了做到这一点，我把已有的一个相同主题的音频节目抄录了下来。我构思了本书的结构，将抄录的文本中的相关部分导入其中。最后，我做了最有趣的事情。我修改了文本，把口语变成了书面语，寻找差错和遗漏，做必要的更新并增添新例证。

我的嫂子是位作家，当我告诉她我每天能写 22 页左右的内容时，她感到不可思议，直到我向她解释说：“我其实不是写 22 页，而是修改了 22 页，并补充些遗漏的内容。”

对于饱受写作障碍之苦的人们，我的建议是，把任何东西都先写在纸上（或打在屏幕上）。例如，你可以求别人先写一封信，然后你来修改它。这样就不至于那么单调乏味了，你也不会浪费大量的时间去考虑该说些什么了。

当然了，如果你真的无话可说，这条计策也帮不了你。

人们为什么购买你的产品或服务?

我曾经询问一个地方汽车协会:“人们为什么会购买你们的服务?”他们告诉我，90%的会员加入他们的俱乐部，都是为了避免一些问题，比如当他们的小汽车抛锚时，可以省下一大笔拖车费。因此在自驾旅行这个情境下，绝大多数会员有避离模式。

我和他们一起应对会员挑战问题。其中一个问题是，要让会员实际使用他们提供的许多旅行服务，因为他们发现，那些没有使用过任何服务的人续签的可能性较小。我向他们解释了我所说的“趋向模式”和“避离模式”的含义。为了让他们切实感受到两者的不同，我把管理层人员带到前台，让他们说出不经意间听到的会员们议论的话。他们一个接一个地说，会员们不想处理故障问题，更换配件的价格太贵，等等。于是，我们重新设计了他们的营销、销售和客户服务流程，主要使用了避离模式的语言:“你的一站式无忧旅行社”“你将不必处理……”“你不必担心……”“好比免费的旅行支票”“这将为你节省时间”，诸如此类。这帮助他们提高了会员续签的比例，因为更多的人使用了更多的服务。

保险是另一个避离模式的产品。大多数客户买保险，都是为了给自己或家人避免灾祸带来的麻烦。相反，投资本质上则是趋向模式的。观察保险公司在提供投资机会时使用的语言是很有趣的。营销活动往往能反映企业的文化。

我曾经协助一个大型制药企业的市场部进行市场调研。根据调查结果，我们也审查了他们的平面广告。他们的一个预防尿失禁的药品广告特别成功。画面是一位60多岁的男子微笑着，在一个阳光明媚的日子里挥舞着高尔夫球杆。广告词是："18洞，而且毫无意外。"直到我们对这则广告做出诊断之前，他们一直都认为广告之所以奏效是因为图片中的积极场景。在他们理解了产品和市场的避离模式本质之后，他们一致认为是广告词引发了积极的响应。

作为一名销售人员或市场总监，在规划销售方法或市场营销活动时，你有多种选择。你可以仔细分析你的产品或服务，以发现它本质上是属于趋向模式的还是避离模式的，然后设计你的流程，以吸引更多的适当的细分市场。尤其当你的产品或服务可能是两者兼有时，你可以根据客户的触发点来设计你的策略，以适应其中的任何一种。

另一种选择就是无论产品的特性如何，径直找出已经在购买你的产品或服务的人，并做好一切准备，全力增加你在该群体中的市场份额。再或者，如果你在这个群体中的市场份额已经饱和了，你可以认为是时候用正确的有影响力的语言去追逐另一种模式的客户群体了。

许多关于销售的书都会告诉你，一个人购买商品，或者是为了获得利益，或者是为了避免问题。一旦你问了"为什么那很重要？"这个问题，确定了潜在客户的动机是趋向模式的还是避离模式的，你就可以使用适当的有影响力的语言了。

如果你想把房子卖给一个趋向模式的家庭，你可以告诉他们（如果房子符合他们的标准的话），这房子离学校很近，有很多房间，而且靠近公交车站。而对于一个避离模式的家庭，你可以说房子离学校不远，面积也不小，而且不用走多远就能到达公交车站。

一位房地产经纪人研究并使用了语言行为模式，结果发现他那年只需工作三分之二的时间，就能将收入保持在自己想要的水平，而这还是在经济衰退时期，当时许多经纪人都被迫离开了这个行业。

根据向一些知名网络销售专家学习，以及自己在网上销售产品的经验，我发现避离模式的人更有可能获得点击量，却可能不足以触发购买。这意味着你可以通过表现出你了解客户的问题和痛苦，来吸引目标市场的注意力；潜在客户还需要感受到一个适合他们的解决方案的吸引力。当然，还有很多事情要做，但是如果你能建立一个避离客户提出的问题，然后趋向正确的解决办法的过程，你就能打动客户的心。

表 3.2　行动方向类型总结

问题	“那个”（标准）为什么重要？（问三次）	
趋向模式	动机是实现或达到目标	
避离模式	动机是解决或避免问题	
在工作情境下的分布	40%主要为趋向模式 20%为趋向模式与避离模式对等 40%主要为避离模式 （在工作情境下，根据罗杰·贝利的数据）	
有影响力的语言	对趋向模式的人	实现；获得；拥有；拿下；纳入；完成
	对避离模式的人	避免；预防；消除；解决；排除；摆脱

第4章

邀请他人做决定

动机来源——内部模式与外部模式

这个类别探讨的是一个人动机的来源，或者换言之是它的定位。判断其是形成于人的内部还是外部？这些模式会影响你做出判断和决定的方式。当你尝试它们时，你将能够决定如何最好地使用它们，其他人则会注意到你的效率提高了。下面就是这两种模式：

内部模式

具有内部模式的人会从自己的内在获得动机。他们决定自己工作的质量。他们难于接受他人的意见和外界的指导。当他们自认为做得不错的工作得到负面反馈时，他们会质疑给出的意见，或者对反馈者做出评判。他们宁愿自己做决定，即使看到令人信服的证据。

他们能够从外部渠道收集信息，然后根据内部标准自己做决定。由于他们把命令视为信息，所以很难受到监管。“我的老板想在周二前把这事搞定？这真有意思。”由于他们通常不需要外界的肯定，如果他们作为管理者，往往也不会给别人太多的反馈。

当一个人处于内部模式时，对于他认为很重要的事情，他会把标准放在自己内心的某处。当他从外部收集到信息，按照自己的标准进行了处理，并对其做出了判断后，他的动机就会被触发。

外部模式

处于外部模式的人，喜欢他人的意见、外界的指导及来自外部的反馈，以此获得和保持动力。

在工作中，如果他们得不到反馈，他们可能不知道自己做得有多好。他们会把信息当作命令。“他说绿色的纸和装饰很相配，我最好去买一些。”我不经意地说了一句，可能我应该考虑一下为我的“创意室”买一块白板，于是我丈夫回家后就给我看了四个产品分析的链接，帮助我做选择。

他们更喜欢由别人做决定。我和我的一个商业伙伴就曾陷入过一个你推我让的循环。他先问我想怎样布置培训室，我随后又问他有什么意见。他说：“我不知道，你觉得呢？”我们就这样谦让了好几轮才把事情搞定。

当某人处于外部模式时，如果没有外部的鼓励、反馈或某种结果，他很可能难以开始或继续某项活动。很多人在想要改变一种行为或打破一种习惯时，尤其如此。

外部模式的人缺乏一个内在标准。他们从外部收集标准，包括在网上看到的信息。在工作中，如果长期缺乏外部对他们工作的任何反馈或反应，他们可能会经历类似感官被剥夺的感受。

问题：

你怎么知道你这件事做得不错？（在工作中，在选购汽车时等。）

备选问题：

（在特定的情境下）你会如何回应来自同事的定期反馈？

当你做……决定时，你会让谁参与进来？

如果你觉得自己做得很好，而你敬重的人却批评了你的工作，你会作何反应？

（如果这个人批评、评判或试图说服别人，那么他是内部模式；如果他质疑自己工作的价值，则他属于外部模式。）

内部模式：句子结构

◎ 他们自己做决定或者了解自己常说：“我知道”。

◎ 他们根据自己的标准和原则来评估自己的表现。

◎ 当有人告诉他们该做什么或替他们做决定时，他们会抵触。

◎ 将外来的指令视为信息。

内部模式：肢体语言

坐得笔直；指着自己；在回答别人的判断之前可能会停顿一下，自己进行评估；在谈论自己时，会尽量减少手势和面部表情。

外部模式：句子结构

由其他人或外部信息来源为他们做决定或判断；需要将他们的工作与外部的规范或标准（例如被视为决定或命令的外部信息的清单或指标）进行比较。

外部模式肢体语言

身体前倾，观察你的反应，面部表情表明他们想从你这里知道是否一切正常。

提问和测试

下面是一些例子，如果你对第一个问题的答案不确信，可以用这些问题来测试：

> 作者：苏珊娜（Suzanne），我能问你一下吗，你怎么知道你在工作中做得很出色？
>
> 苏珊娜：从他人的反馈，和我对自己的了解。（既有外部模式也有内部模式）

这是一个一人兼有两种模式的例子。所以我想测试一下苏珊娜是倾向哪一边：

> 作者：假设你认为你在某件事情上做得很出色，却没有从其他人那里得到很好的反馈。你会作何反应？

苏珊娜：嗯，我仍然认为我做得很好，但是……总觉得缺点儿什么。我得去问问他们有什么不满意的。

下面再举两个例子：

作者：路易丝（Louise），你怎么知道你的工作做得很好？

路易丝：我感觉很好。

作者：如果你感觉很好，别人却不欣赏，会怎样呢？

路易丝：他们可能不像我那样看。（耸耸肩）

作者：罗伯特（Robert），你怎么知道你的工作做得很好？

罗伯特：当我得到外部反馈时，我知道我做得很好。

作者：如果没有外部反馈，会怎样？

罗伯特：我想……这可能意味着什么。

虽然苏珊娜在工作中两种模式兼有，但她的外部模式多于内部模式，因为当逼问到最后，她还是需要反馈来确定自己做得是否足够好。路易丝和罗伯特则是内部模式和外部模式两个阵营的铁杆。

你从哪儿知道的？在第一个问题的答案不清楚的情况下，还有一个问题可以帮助你进行测试。那就是问："你从哪里知道的？"一个内部模式的人可能指向他们身体的某一部位，而一个外部模式的人则可能要么不理解这个问题，要么给出一个明确的外部模式的答案（表4.1）。

表 4.1　不同类型的典型语言

类型	典型语言
内部模式	“我知道自己什么时候干得好。”
以内部模式为主	“我通常知道。老板夸我的时候我很感激，但总的来说，我知道自己什么时候干得好。”
内部模式和外部模式对等	“有时候我知道，有时候我的客户会告诉我。”
以外部模式为主	“通常，当我达到老板设定的指标时，客户看上去都很高兴。而且，我也知道我什么时候工作得很出色。”
外部模式	“我的客户很高兴。我的老板很高兴。我完成了任务。”

有影响力的语言

你可能要考虑根据你所收集到的关于某人的信息来仔细措辞。正如最熟练的沟通专家会对你说的，这种影响将是巨大的。

内部模式：建议式语言

只有你能决定；你可能会考虑；这取决于你；我建议你考虑；试一试，然后再做决定；这儿有一些信息，你可以决定；你觉得怎么样；你做决定时如果需要任何信息，只管打电话来。

外部模式：别人会如何反应，或者命令式语言

你会得到很好的反馈；别人会注意到的；已获批准；受人尊敬；

你会产生相当大的影响；某某认为；我强烈推荐；专家说；供参考；科学研究表明。（如果你对一个人或一个群体有无可争议的可信度，你也可以使用命令式语言，比如“你应当……”。）

当你认为某个人或某个群体有可信度时，这意味着他们对你来说已成为外部模式。在这种情况下，告诉别人该做什么是可以接受的，只要不是太专横。“就这么做。”我称之为命令式语言（Command Language），因为你在对别人发出指令。

当人们处于内部模式时，这样说话显然是行不通的。实际上，他们可能认为你太武断了，径直拒绝考虑你的话。在潜意识里，他们会认为你在试图剥夺他们自己做决定的权利。

相反，你或许会考虑使用建议式语言（Language of Suggestion）或者反馈三明治（Feedback Sandwich，是一种对员工进行绩效反馈的基本方式，先对员工工作进行肯定，然后指出问题，最后提出改进方案。）的一个强大替代品：建议模型（Suggestion Model©）。有4个步骤：

1. 提出建议（对内部模式的人使用建议式语言）；
2. 说明这样能避免或解决什么问题（对避离模式的人）；
3. 说明好处（对趋向模式的人）；
4. 总体而言，为什么这么做很容易（对外部模式的人）。

“当你和艾哈迈德（Ahmed）谈话时，我建议你在给他看我们的解决方案之前，先问问他什么是重要的。这样的话，你就可以避免给他看他不喜欢的东西（以避离模式的语言避免了问题），直接过渡到他感兴趣的解决方案（以趋向模式的语言说明了好处）。这对你来说应该很容易，因为你和他的关系已经很融洽了。（鼓舞人心的话）”

用无法抗拒的语言搞定你的老板

有些人极难受到影响或被说服，除非你知道怎么做。让我们举一个例子，也许是你的老板，她有以下模式组合：内部模式和避离模式。很可能这家伙只注意你做错了什么，却不同意你的任何建议，这令你痛苦不堪。正如格劳乔·马克斯（Groucho Marx）所唱的：“不管是什么，我都反对。”

为这个人量身定制的一些无法抗拒的有影响力的语言，可能会有所帮助。想象一下，有一天你带着她要的报告走进她的办公室，你说：“我已经按照你的要求草拟了一份解决方案。还很不完善，但你能看一看吗？”你的老板很可能会一把从你手中抓过这份文件，按照她喜欢的方式做些修改，然后很有可能接受这份文件。你也许已经在这样做了！

研究证实了邀请他人做决定的力量。一份对42项研究的荟萃分析（A Meta-Analysis，一种对不同研究结果进行收集、合并及统计分析的方法。——译者注）得出结论，当被告知“你完全可以”拒绝某一请求时，无论该请求的类型如何，大多数情况下该请求的遵从率都会提高。然而，如果同意或不同意的决定不立即做出，效果就会减弱。教训啊！如果你想让某人现在就做某事，就让他们知道，“你完全可以拒绝”。嘿，我要对我丈夫试试这一招！

为什么反思越多，你对自己的误解越深？

组织心理学家塔莎·尤里克（Tasha Eurich）进行过一项大规模科学研究，根据她的成果，自我意识有两种类型。

内在自我意识（Internal Self-Awareness），是指一个人如何清楚地看到自己的“价值观、激情、抱负、适应环境的程度、反应（包括思想、情感、行为、优点和缺点）以及对他人的影响”。

外在自我意识（External Self-Awareness），指我们对他人如何看待我们的价值观、激情、与环境的契合度等的了解程度，如上所述。

高度的内在自我意识意味着较高的工作和人际关系满意度、幸福感，以及较低的焦虑、压力和抑郁程度。

高度的外在自我意识则意味着同理心、从他人的角度看问题，以及与员工的良好关系。到目前为止，这都与语言行为模式的内部和外部动机模式非常吻合。有趣的是，她的研究表明，领导者需要在两者之间取得平衡，才能有效地开展工作。

极端内部模式：大男子主义模式

新近的大脑研究成果表明：“人的大脑是一个大型的预测机器，不断地将传入的感官信息和当前的经验，与存储的知识和以前经验的记忆进行比较，并预测接下来会发生什么。”哇！这是对内部模式的人一个很好的描述！他们并不忽略外部刺激，而是根据自己的已知来评估它们。

然而，当一个人有极端的内部模式，他们往往自动摒弃任何与他已确信的知识相矛盾的外部信息。参见附录 4 的大男子主义测试（Macho Test©）。人们有时候会变成极端内部模式：除了自己的观点外，拒绝一切意见。我把此类行为称为大男子主义模式（Macho Pattern）。你是否认识这样的人，他们认为自己：

1. 已经无所不知；
2. 没有任何问题，一切都很完美；
3. 如果有问题，那也是别人造成的；
4. 比其他人都更好、更强、更聪明、更博学、更重要。

与这样的人一起工作和生活是非常困难的。而且不仅男人，任何人都可能变得大男子主义。还记得当你的父母教导你该怎样生活时你的反应吗？有多少次重大的决定是为了减轻某人的自负或者仅仅是为了不丢面子？只需听听时政采访即可。当采访者问一名政客是否对事态的变化感到惊讶时，很少有人会承认自己感到惊讶。也就是说，承认自己还不是全知全能。

有一次，我推销一个培训项目，附带可选的后续指导计划，却没有人接受这个主动提供的指导计划，因为这意味着他们需要帮助。现在这个指导计划只好变成了培训项目的一部分。

大男子主义测试

“大男子主义测试”是我开发的一种语言组织技巧，使得即使最具大男子主义作风的人也能倾听和思考你的想法。全世界都在用它来检查你如何提出想法，以确保不会无意中触发大男子主义式的反应。

但我怀疑你已经很熟悉这种技巧了——我只不过把它编成了一套简易的程序。当你在写东西或准备演讲时，你想要确保别人认真地听你讲话，又不让他们感觉受到了威胁，那么你首先要准备好草稿。

这时，请问问你自己是否暗示或者说了下面这些话：

1. 有些事情他们还不知道；
2. 我要告诉他们该做什么；
3. 他们有问题而我有解决办法；
4. 他们在有些方面不够完美，而且/或者；
5. 我在某些方面比他们强。

如果你说了或暗示了以上任何内容，你都未能通过大男子主义测试！我希望你重新措辞如下：

1. 你或许知道……（然后说出你怀疑他们不知道的事情）；
2. 使用建议式语言：你可以考虑……
3. 据我所知，其他组织也出现过这个问题，其中一些组织是这样做的……你们是如何解决这个问题的？（暗示他们已经解决了所有的问题。）
4. 根据你在这方面的经验和知识……
5. 你的角色是……我的角色是……（设立不同但平等的角色）

加拿大一家全国性报纸《环球邮报》(*Globe and Mail*)曾发表过我的一篇文章，题为《在医疗体系中生存的十个小贴士》(*Ten Tips for Surviving the Health Care System*)。这个标题通过了大男子主义测试，因为“小贴士”只是建议。有好几个国家的多个杂志转载了这篇文章。但假如我当初把它命名为“搞定医疗系统的十大规则”，它可能就不会受到如此多的关注了。

只有犯了错才会质疑自己

当处于外部模式的人受到批评或负面反馈时，他们会质疑自己。而处于相同情况下的内部模式的人则会对别人做出评判。我一定是做错了什么(外部模式)或者客户是个蠢货，他居然不欣赏我为他做的事情(内部模式)。

假如有十个人对一个高度内部模式的人说：“哇，你的领带真难看！”内部模式的人可能会说：“哎呀，这真好笑！居然有十个人的着装品味都这么差。”然而，一个对穿着有外部模式的人就会回家去换衣服。

我买了一个便宜的组合书柜，我必须自己进行组装。这时我觉得自己有个优势，就是回到家里后是外部模式。当我努力按照说明书操作时，我注意到书架的顶部和底部都不能很好地贴合背板。“廉价的设计。”我自言自语地嘟囔道，然后硬把书柜组装起来。当我把书柜竖起来后，我才注意到我把书架的顶部和底部装反了，刨花板露了出来！

在你所知甚少的情境下，外部模式是合适的，而如果我的外部模式再多一点就好了，当我注意到组件不佳时，我就可能会质疑自己的做法，而不是批评设计了。

按照说明书进行操作时，处于外部模式可能更为合适。当我和我的孪生姐妹讨论这些组合部件中的孔洞似乎经常出现在错误的地方时，她向我证实了这一点，也就是说，直到你发现是你自己犯了错误时，你才会明白外部模式的好处。

我和一个朋友出去吃晚饭。她提议去一家餐馆，那里的食物和环境都令她满意。她说："不过我听说那里换老板了，不如以前了。"然而她坚持要去那家。那天晚上，她最终说："唉，他们说得没错，服务很差，菜品也很糟。但我必须眼见为实。"因为她是个高度内部模式的人，别人的话她难以相信。在她亲身体验之前，一切对她来说都是悬而未决的问题。

许多女学员都曾对我说，当她们告诉丈夫汽车出了故障时，她们的丈夫往往都不相信。他们需要亲自看看。

让一个内部模式的人倾听和思考某件事，最简单的方法就是把它表述成"你可能想要考虑的信息"或者是一个问题。否则，他们恐怕只会评判你或你说话的方式。

自我设限倾向

曾有人问我这样一个关于模式的问题："一个人有没有可能依据受到的是积极的批评还是消极的批评，从内部模式转向外部模式，或者反之？”正如语言行为模式开发者罗杰·贝利所言：语言行为模式是一份关于我（以我特有的结构构成）如何回应情境的状态报告。在我所做的一些概要调查中，我注意到一个与上述问题对应的模式。有一个人，当她认为自己某件事做得不好时（一种情境），处于高度内部模式；而当她认为自己做得很出色时（对她来说是另一种情境），她又处于高度外部模式。

当她认定自己做得不好时，无论谁说什么，都不能使她相信自己做得很好。然而，当她认为自己做得很好时，她必须与其他人确认一下，以确保一切都好。我怀疑这与自尊心和自信心较弱有关，我因而会称之为一种自我设限策略。

但是，不要把外部模式和自尊心弱混为一谈。这不是一回事。例如，当我向一群人演讲时，我从哪里获得我的动力能量？是因为参与者对我微笑，还是因为我知道自己的演示文稿准备得很好？在这种情境下，如果我的目标能很好地呈现并满足观众的需求，那么从两方面都获取一些动力能量是合适的。

一个朋友曾经问我：“你觉得我太过外在了吗？”她随即意识到说了些什么，开始大笑起来。我反问他：“对什么来说太外在了？”我过去常常受到同辈压力的影响，但我的朋友们说服我摆脱了这种倾向。

鼓励式教育

我曾和加拿大新不伦瑞克省（New Brunswick, Prov. of）的一批高中校长一起工作，讨论教育项目的设计。其中一位参与者评论说，许多课程的结构都是为了在学生中创造一种内部模式。在我看来，当你仔细研究任何教育项目的结构和内容时，你或许都可以对其创建者进行一次语言行为模式调研。

大多数教育项目都会有利于每一个类别中的一种或另一种模式，可能基于创建者无意识的模式。校长的问题是：“那些在学校里有外部模式，因此需要外部反馈来保持动力并了解自己是否表现良好的孩子，究竟好不好？”

我相信教导和鼓励学生进行自我评价是好事。然而，当你想激发动机并维护学生的兴趣时（这是另一种情境了），的确有一些人需要持续的鼓励、反馈或效果来保持兴趣。

是否胜任——适应标准的变化

一份工作是需要自己提供动力并判断工作质量的人，还是需要能根据外部需求调整做法的人？销售和接待职位，或任何认为满足他人需求至关重要的工作，通常都需要具有外部模式的人。在这些职位上，外部的反馈将决定他们做什么和怎样做。这些人或者需要严密监督，或者需要借助一些外部手段来了解他们是否走在正轨上。

许多人员管理职位需要以内部模式为主，辅之以部分外部模式的人。管理者做出决策并制定标准，你必须首先自身有标准，才能做到这一点。然而，人们经常说，当他们的老板处于极端内部模式时，他或她根本不会听取或回应建议。此外，自由撰稿人需要以内部模式为主的人，以激励自己，但也必须考虑客户的要求。

对于销售或客户服务职位，你需要的员工则是外部模式的人。销售和客户服务人员必须真正关心客户是否满意，以创建和维护良好的客户关系。如果客户对你的产品或服务不满意，而你的代表却对客户漠不关心或态度恶劣，那将无助于你改善客户服务。客户的内部模式会变本加厉。他们对价值和服务有很高的标准，一次糟糕的体验就足以让他们扭头而去。

大型内部模式的组织面临的挑战之一，就是如何将客户自发的反馈融入到产品设计和服务的改进中。我经常给坐在办公桌后的人提建议，他们却唉声叹气地说自己对此无能为力。

然而随着与客户的关系，特别是组织之间的关系发生了转变，销售人员就会成为客户的长期合作伙伴和顾问。如果销售代表做咨询，则前提是他们有一些专业知识可以传授，例如在技术问题和标准方面。因此，销售人员或顾问需要具备一定程度的内部模式。他们需要确信自己的所知。然而，你不会想要一个有着极端内部模式的人来承担这项工作，因为最终他们的业绩需要根据客户的满意度来判定。

当你在分析一份工作并为招聘或选拔做准备时，务必先确定一个人在这个职位上的成功，是基于达到他们自己的标准还是适应别人的标准。

只是提供信息却被当作指令?

内部模式的员工难于接受管理，通常不需要表扬来保持积极性。为一个事无巨细的管理者工作对他们来说是一种折磨。他们的动力来自内心，他们是积极主动的人。他们需要自己做决定，即使没有得到允许，他们也会这样做。当他们不能做任何决定时，他们就会失去动力。如果你给他们一个指示，他们会把它当作一条信息，然后决定是否遵从。

有一位朋友讲述过一个跨文化交流事件，发生在两个内部模式的人之间——一位英国老板和一位美国雇员。英国老板对他的雇员说："如果我是你，我会重新考虑这个问题。"他想告诉美国人，他认为这是个坏主意，不应该这样做。美国人却把他表面的话当了真。他重新考虑过，但仍然认定这是个好主意，然后继续做了下去，这令他的老板非常恼火。

当团队中有两个或更多的内部模式人员时，他们可能会经常发生争论和冲突，因为每个人都会依照自己（通常是未声张）的内在标准行事（尤其是假如他们还有个避离模式的话）。如果他们一开始就协商好，明确商定统一的准则、标准和度量，他们就可以合作得更成功。

有内部模式的员工在没有监督的情况下往往工作出色。你可以给他们分配任务，让他们全权负责，让他们自己做决定。如果你不确定他们的判断，先和他们就需要达到的标准达成一致。确保你了解他们的标准，并把标准附加到任务上："这是给你的一项挑战。"

当给他们指示时，可以以这些话开始："只有你能决定……""这些是这方面的相关情况；最终的目标是……你可以决定最好的办法"。外部模式的员工会向经理寻求指导和鼓励。你需要明确他们做什么，因为他们倾向于把信息解释为指令。如果你对一个外部模式的员工说“订单的表格已经准备好了”，他们会放下手头的工作去拿。

如果没有定期的反馈，他们会变得情绪低落，缺乏信心。如果管理者是高度外部模式的人，他们最终可能会到员工那里去寻求认可。对于外部模式的员工，则需要给他们制定明确的目标，还要借助一些外部的方法来了解他们是否在正轨上，比如定期的反馈会议、检查表、定额或可以遵循的事例等。

对于具有外部模式的人来说，年度绩效评估并不能提供足够的反馈。许多人在进行绩效评估之前会变得忐忑不安，因为他们对自己的表现是好是坏心里没底。

当把一项任务分配给外部模式的人时，要让他们知道该任务会得到多少赏识（如果他或她的组织模式是对人模式），或者会产生什么影响（如果他或她的组织模式是对事模式）。“你会得到很多好的反馈”，或者“这会对我们的工作产生显著的影响”，这些都是你可以用来引发他们兴趣的话。能发挥他们优势的任务是那些要求他们适应并满足他人期望的任务，前提是这些期望是明确的。

在买方市场销售

客户可能很难打交道。他们要求产品质量完美，拒绝复杂的购买流程，还希望任何损坏的东西都能立即修复，且不需要他们支付任何费用。他们会眼疾手快地抓住任何错误，让客服人员陷入难堪，甚至为了得到最好的交易而挑起两个供应商的竞争。他们想花得更少却买得更多。他们会在零售店问问题，然后回家在网上下单。

换言之，顾客相对于供应商已经变得高度内部模式了。供应商要当心！仅仅花时间和金钱为客户开发最好的产品和服务，显然已经不够了。需要对语言和流程进行调整，以满足那些把你所说的一切都只当作信息参考的人的需求。注意客户对你所谓的“最好”嗤之以鼻的怀疑态度。他们会坚持要你“证明一下”(直到令他们满意)。

加拿大金融集团道明银行对抵押贷款市场的变化做出了回应。他们的口号非常适当:“加拿大最好的抵押贷；方案？你来评判。”对内部模式的人，实在是绝妙的语言。

加拿大帝国商业银行(CIBC)是该国一家大型银行，也曾将其在线销售策略从图 4.1(左图)改为了(右图)。

图 4.1 (左图文字)让 CIBC 的房屋净值优势为您服务；(右图文字)“我的钱能既安全又增值吗？”这值得一谈。

相比于第一个广告中的命令式语言，他们在第二个广告中的语言更具吸引力，意味着邀请人来谈话。在人们往往不喜欢或不信任银行的文化中，这种使用内部模式语言的策略是非常适当的。

在另一个例子中，一个职业培训机构的销售方法包括与潜在客户预约，向他们展示他们使用的流程，然后把客户打发走，让他们考虑并决定是否需要这个流程。经过询问，发现他们的客户中约 80% 都有内部模式，创始人和大多数员工也是如此。当我建议他们可以考虑使用一种外部模式的办法来吸引更多的客户时，创始人决定不这么做。他觉得外部模式的客户在咨询课程中会占用太多的时间。

要向有内部模式的人销售，你需要给他们提供信息，让他们来决定。“你可能想试试，然后告诉我你的想法。想知道这是不是适合你的车，唯一的办法就是自己试一试。”这就是汽车经销商坚持要求他们的销售人员一定要让潜在的买家坐到方向盘后的原因。

当顾客在网上购物时，他们经历了一系列内部模式和外部模式的过程。比如你想在巴黎预订一家酒店。你知道你想住的地区、价格范围和设施，然后做了一番搜索（内部模式）。你获得了许多选项，你会货比三家，仔细权衡（内部模式）。但在你拍板之前，你可能还会浏览一番网上评论以最终确定（外部模式）。

我曾与大公司合作，帮助他们将客户（企业和消费者）的购买过程解码为语言行为模式的顺序，以提高销售效率。通过这个过程，营销人员可以找出他们的企业客户和消费者客户所经历的顺序，并通过提供与客户顺序在视觉和语言上相匹配的信息，来帮助他们完成购买过程。

导致分手的首要原因

在某种程度上，我们可以说恋爱关系中的每个人都有自己的模式，内部模式、外部模式等。但一些研究表明，在更基本的层面上，我们每个人对伴侣都是相当大的外部模式。当约翰·戈特曼研究夫妻之间的互动时，他解释说，这就好比一方向另一方“报价”，比如“看外面那只漂亮的鸟”。伴侣想要的是对方感兴趣、认可或支持的信号。“丈夫认为这个内容很重要，足以引发一番讨论，问题是他的伴侣是否承认并尊重这一点。”

这是一个外部模式的例子（需要一个表示尊重、支持等的回应）。伴侣要么“趋向”报价，要么“避离”报价。（嗯，这种语言听上去很熟悉啊！）戈特曼发现，在经过 6 年的跟踪调查后，那些在后来离婚的夫妇中只有 33% 会做出“趋向式”回应，而那些仍处在婚姻中的夫妇“趋向式”回应率则达到 87%。

戈特曼还发现，对伴侣表现出轻视是导致分手的首要原因。同样，伴侣对我们的反应也是关系成功的一个关键因素。（外部模式）即使在争斗时也表现出善意，是把人们维系在一起的要素。

所以，即使我们很难说服伴侣去做我们想让他们做的事情（因为他们对我们来说，内部模式是如此强烈），但也许在他们的内心深处，我们所说的和所做的仍然很重要。如果你在说服你丈夫做点什么时想有个帮手，你可以试试我的“老公激励器”（HusbandMotivator™）应用程序。（是的，它对妻子、老板和其他人也管用！）

医生也要向病人“推销”

在法国，我读到过一份研究报告，说 80% 的病人没有按照处方完成他们的疗程。医生告诉我，其他国家也有同样的比例。许多人在症状消失后就忘记了服药。我们可以用语言行为模式来解释这一点。在身体患病的情境下，许多人都有内在和避离模式。我们去看医生，往往是在我们感到不舒服时，而不是当别人说我们看上去不大好时。我自己注意到我的问题——内部模式加避离模式。

因此，医生需要向病人“推销”遵医嘱。“你需要自己决定，你是否真的想治好这种病。如果你真的想，就按照处方，把这些药都吃了。”（内部模式加避离模式）尽管许多人在医生和其他权威人士面前都表现为外部模式，然而一旦回到家里，他们就会在感觉不舒服时恢复内部模式。

医生们能认识到这样一个事实的含义：许多病人在医生诊室里会转向一种高度外部模式。病人倾向于相信医生对他们说的任何话，因为他们已接受医生是有知识的权威人物这一点。这意味着医生需要谨慎说话和小心暗示。

我母亲曾在一个冰冷的冬天摔伤了手腕。她第一次打的石膏太紧了，我带她回医院去换石膏。医生给她装上新石膏后，开了个玩笑：“好了，这回搞定了。”这回？！就在我眼前，我看见我母亲点头承认了那隐含的假设，如果他说的是这回，那就还会有下回！“不！”我喊道，“这是最后一回了！”但我母亲对我可没有外部模式，我是她女儿啊。三个月后，她在花园里又绊了一跤，摔伤了另一只手腕。

与我上面所说的正相反的，还有另一种趋势。数以百万计的人正在咨询辅助性医疗（Complementary Medicine）的从业者，并消费他们研究的营养补剂。当被问及原因时，许多人说，要么是医生没能治愈某种特定疾病，要么是他们不相信医生使用的方法能帮助他们。这些人已经为他们想要什么和不想要什么制定了内部模式的标准。

买的不是豪车，是豪车的价值

这种让病人服药的办法，对其他情境下内部模式的人也管用。“你需要决定自己是否真的想要（客户想要的结果）。如果真的想要，那么你或许想试试（我们的产品或服务）。”

外部模式的人需要参考，他们需要知道还有谁买了。在这种情境下，名人推销产品的广告，会吸引外部模式的人的注意。

如果你能让人们对你产生外部模式，那向他们推销就会更容易。这需要建立信誉和融洽关系。一位客户问我：“你认为我需要它吗？”证明我已经建立了信誉，他们对于我已经形成外部模式。

此外，外表也很重要。当你穿着比你的客户正式一个档次的衣服，展示你的资历和推荐信，并在表述时插入诸如“依我的经验”，或“我费了好大的周折才明白的一件事是……”之类的话时，你看起来会更可信。

外部模式的买家也会因为想让他们自己看起来不一般，或者对其他人产生影响而购买一些东西。人们为什么会买捷豹汽车（Jaguar）？因为真皮座椅很舒服？一位参与捷豹项目的市场研究员告诉我，人们购买豪华汽车，更多地是为了汽车所提供的感知价值（Perceived Value），而不是它们所赋予的地位。然后他停下来思考了片刻，不屑地说：“他们购买是因为他们想让人觉得他们是在买有价值的东西。”

如果这两个群体你都想吸引，或者如果你的客户同时关注内部模式和外部模式的反馈，那么你就要同时使用这两种模式的语言。“这取决于你，但是很多人买蓝色的。”如果你不确定对方是哪种模式，就先使用一种模式的语言进行观察。如果没有得到积极的回应，再试试另一种。

他真正的动机深藏在密室里

正如上面捷豹的例子，潜在买家似乎有一个内部模式的触发器，但真正的触发点是外部模式的。比尔・赫卡比（Bill Huckabee）是语言行为模式市场研究领域先驱性的研究者，他称之为“密室外部模式”（Closet External）。

换言之，外部模式的一面深藏在密室里。

要想说服有这种模式的某些人，你需要同时迎合两种模式。如果你过于直白地用外部模式的语言对他们说该做什么，或者告诉他们其他人在做什么，你的话很可能当即被拒绝。

相反，你可以试着这样说：“只有你自己知道你想要什么，不过大多数人都选了这个。”这是在使用建议式语言（针对内部模式部分），然后补充说其他人正在做什么（针对外部模式部分）。根据我得到的反馈，这已被证明是最成功的策略。

在《科学美国人・脑科学》（*Scientific American Mind*）杂志所引用过的一项研究中，那些认为自己在某一学科的知识水平很高的人，也可能会“高估”自己的知识程度。

假如在询问他们的知识水平之前，先让他们做一个简单的测试，这一效应还会增强。在获得他们很有见识这一外部模式的反馈后（而另外两组人则必须做一个难度更高的测试或根本不做），他们认为自己比另外两组人知识水平高得多。这就是密室外部模式在发挥作用！

唐纳德·特朗普（Donald Trump）作为美国总统面对批评时的行为，就是处于密室外部模式的人的典型表现。

例如，当特朗普的支持者批评他在2018年底为结束政府停摆而在移民墙拨款问题上妥协的推文时，他立即坚定了立场，以符合支持者的要求。

而当名人、民主党人或主流媒体批评特朗普时，他又会花上几个小时或几天的时间在推特上攻击他们。他对外界的负面反馈极其敏感，往往会立即回应，而在外表上，他却似乎是一个强硬的内部模式的家伙。

在其他时候，他又表现出典型的内部模式行为。比如在2019年初，他无视反对从叙利亚撤军的专家的建议，坚持要让美军回家。他的内阁给了他相当大的压力，才使他同意在几个月的时间里慢慢地把他们带回家。他的这两种倾向，即密室外部模式和高度内部模式，都展示了语言行为模式的模式与情境的关系是多么紧密。

“密室内部模式”（Closet Internals）的人看上去和听上去都像是他们想听和需要你的意见，但他们听完后就会离开，然后按他们自己的想法去做事。使用针对内部模式的人的建议式语言，似乎对这些人最为有效。你觉得呢？

被鼓动去犯罪

根据《科学美国人·脑科学》上的一篇文章，有些事情具有社会传染性，如体重变化、饮食紊乱、情绪、心理疾病、自杀的想法，甚至有可能是大规模枪击。因为这是可能的，意味着一定有一群人影响了有上述行为的这一部分人的外部模式。

我想积极的行为也是有社会感染力的。当你希望成为他人行为的榜样时，这是建立你的信誉的一个很好的理由。如果你的听众相对于你成为外部模式，他们更有可能接受并学习你所做的事情。以下是内部和外部模式两类人的典型表达，你具备感染他人的能力吗？还是说，你是受到他人感染的那一个？

> 如果一个处于内部模式的人要说“我不知道”，他会怎么说？
>
> “我还没决定。”
>
> 如果一个处于外部模式的人要说“我不知道”，他会怎么说？
>
> “你觉得怎么样？”
>
> 如果一个处于内部模式的人要说“我错了”，他会怎么说？
>
> “我改主意了。”
>
> 如果一个处于外部模式的人要说“我错了”，他会怎么说？
>
> “那错了吗？”

表 4.2 动机来源类型总结

问题	你怎么知道你在……方面做得很好	
内部模式	他们有动力根据自己的内部标准做出决定	
外部模式	他们需要外界的反馈来了解他们做得有多好，并保持积极性	
在工作情境下的分布	40%主要为内部模式 20%为内部模式与外部模式对等 40%主要为外部模式 （在工作情境下，根据罗杰·贝利的数据）	
有影响力的语言	内部模式	只有你能决定；你可以考虑一下；这取决于你；你觉得怎么样？等等
	外部模式	其他人会注意到；你会得到的反馈；结果；供你参考；某某认为，等等

第5章

当销售和研发部门冲突不断

行为依据——选项模式与程序模式

这个类别将把你导向无限的可能性，并告诉你到达那里的正确方法。有两种模式：

选项模式

在特定环境下有选项模式的人，会因有机会和可能性以不同方式做事而产生动力。他们认为总有另一种更好的办法来做某事。他们喜欢创建程序和制度，却不大热衷于遵循它们。即使你向一个有选项模式的人保证有一种能赚一百万美元的办法，他仍会试图改进它。

他们因无限的可能性和想法而激动。对处于选项模式的人来说，无法抗拒的事情就是打破或扭曲规则。

他们喜欢开启新想法或新项目，却不一定觉得必须完成它。他们更喜欢做开发和设置，而不是维护活动。有时他们很难做出承诺，因为他们认为这会减少他们的选择。在极端情况下，他们可能会避免做出任何决定（特别是如果他们还有被动模式的话）。或者，他们也可能完全致力于一个想法或项目，直到下一个新想法出现。

程序模式

有程序模式的人喜欢遵循一步一步的流程。他们相信做事情有正确的方法。一旦他们有了一个程序，他们可以一遍又一遍地遵循这个程序。他们感兴趣的是如何做事，而不是事情为什么会这样。

一个程序有开始点和结束点，其中也可能有选择点，你可以在那里收集更多的信息并做出决定。如果一个选择点都没有，需要程序的人就可能会感到迷茫或陷入困境。当他们启动一个程序时，对他们来说最重要的事情是到达这个程序的结束点。他们是倾向于完成他们开始的事情的人。

如果有人建议他们打破或绕过规则，他们会觉得自己受到了侵犯。一旦他们知道了要遵循的程序，他们会很乐意照着去做。

问题：

你为什么选择现在的工作？（或者房子、度假方式、小汽车等。）

你或许还记得，在本书的前言中，我们讨论过现实。诺姆·乔姆斯基指出，人们为了创建自己的现实世界模型，会使用三种程序，即删除、扭曲和概括。这个类别针对的就是扭曲。我们对这个模式要问的问题是：“你为什么选择……”剩下的部分指的是特定的情境。

对于有选项模式的人来说，当他们听到“你为什么选择……”这个问题时，他们听到的是“为什么”，并且用一系列他们对这个问题的标准来回答这个问题。

当偏于程序模式的人听到这个问题时，他们会删除“为什么”这个词，代之以“这事是如何发生的？”。他们回答的问题是：“怎样？”有时候，他们会首先回答道：“哦，这不是我选择的。”他们会通过一个故事或者一系列事件来告诉你，他们是如何得到这份工作的。比如：“我给我姐夫打工，这时候这家公司正好有个职位空缺，而我的合同又到期了，于是我就接受了这个职位。”

选项模式

◎ 一系列标准。

◎ 机会、可能性。

◎ 扩展的选项和选择。

程序模式

◎ 并没有选择。

◎ 通过讲述事情是“怎样”发生的来回答“为什么”这个问题。

◎ 陈述事实，因某个事件造成的，讲故事。

识别一个具有同等的选项模式和程序模式的人会非常有趣。他们可能给你讲一个故事，却将标准隐藏在其中。由于我的工作属性，我恰好处于这个模式的中间，如果有人问我为什么回到加拿大后选择成立自己的公司，我往往会说："我回国后，四处打探能做些什么，于是成了一家小型培训公司的合伙人。过了一阵子，我开始感到不满。井井有条在我看来非常重要。我意识到如果我自己开公司，可能会赚到更多的钱，还能减少开支，并且独立自主。所以，我建立了我的公司，这是个成功的策略。"我在回答时兼用了这两种模式。

有影响力的语言

找到合适的表达方式的可能性是无限的（表5.1）。

表5.1 不同类型的典型语言

类型	典型语言
选项模式	"我觉得这会很刺激，很有趣，也很有挑战性。"
主要是选项模式	"这工作更有趣，有更多的责任和更丰厚的薪水。是我的一个朋友告诉我的。"
选项模式和程序模式对等	"一个朋友告诉我的，看起来更有趣。"
主要是程序模式	"我在一家公司工作了十年。一个朋友告诉我她的公司在招人，于是我去应聘并且被录用了。这份工作更有趣，我也挣到了更多的钱。"
程序模式	"实际上不是我选择的。我通过我姐夫认识了我的老板，我姐夫和他一起工作。他们需要一名技师，而我正好合同到期了。"

选项模式

机会；选择；为你自己，打破规则；还有一个更好的办法；无限的可能性；另一个选择是；这是一种方法；有这些选项；总会有办法的；方法和途径多得是，范围比天空都大。

程序模式

正确的方式；按顺序发言；首先……其次……再次……最后一步；经过试验证明是很好的；可靠的；如何使用这个；只管遵循程序；过程是；这是经过证明的办法。

场景式卖场设计，一站式购买体验

我曾撰写过一篇主题讲稿，并进行了演讲，题为《性、饮食和成功》（*Sex, Diets and Success*），以揭穿不道德的自封“大师”们的销售策略。他们承诺会有惊人的效果，并告诉你成功是多么容易（小字印刷的细则条款除外）。换言之，他们让你做梦（被动模式和选项模式），你被动地想象你的豪宅、靓车、成堆的钱等。比特币（Bitcoin）和加密币（Cryptocurrencies）都曾以同样的方式推广过，许多骗局也是如此。

但是，如果某人处于被动模式加选项模式，则他们一般不会主动且持续地遵循这些骗局成功所需的步骤。他们只考虑他们的梦想。因此，他们购买产品服务，却不按步骤行事，否则就会觉得自己好像失败了（因为他们相信成功取决于他们自己），随后他们又购买下一个产品，希望它能够为他们实现梦想。

不幸的是，没有任何产品或服务可以“为他们做到这一点”，只有他们真正为之努力才能成功。在我的文章中，我还展示了如何通过销售和购买个人发展，激励人们进入能够实际帮助他们成功的模式。

有时候让一个处于选项模式的人做出决定是很困难的，因为选择意味着删除选项，这是他们不喜欢做的事情。他们因为可能性而产生动力，所以要给他们选择的空间，但也不要太多，那样更难选择。他们想知道为什么他们应该买。我记得我曾和一个正纠结于某问题的人有一次销售会面。当我离开时，我无意中使用了一种对她来说不可抗拒的模式。我说：“总会有办法解决你的问题的。”当我回到办公室时，电话响个不停。她说：“你说得对，总会有办法的。而你就是那个可以帮助我的人。”

如果你仅仅为了他们而打破常规，有时他们又会立刻做出决定（特别是当他们也有主动模式时）。我的地毯清洁工曾对我说：“办公室规定打扫沙发要收50美元，但既然我已经在这里了，我可以帮你打扫，只要30美元。”

最近，我发现有时候处于选项模式只是一个人购买过程的一部分，这可能表明他们还没有准备好做出选择。当某些人准备购买时，他们会不知不觉地转入程序模式。作为一名专业销售人员，你可以通过问这样的问题来测试你的客户是否做好了准备：

“你准备好看看下一步了吗？”（程序模式的语言）

如果他们准备好了，他们就会跟着你走。在你的客户意识到这一点之前，你可以通过这个方法知道他们是否准备现在购买。如果他们还没有准备好，他们可能会向你表现出，他们仍然处于选项模式：

“你们还有什么？”或者“我想再看看其他东西。”

向那些偏程序模式的人推销的正确的方法是，让他们启动程序，因为一旦开始了，他们就会觉得必须完成。告诉他们这种产品或服务经过考验证明是可靠的。他们更感兴趣的是怎样购买或使用它，而不是为什么要买它：

“第一步，我将向你展示产品，然后你可以看看它们。我将向你演示怎么使用它们，你可以挑一个自己试试。然后你可以决定哪一个最适合你。接着，我们将介绍付款计划如何运作，并把文件准备好请你签字。最后，你就可以马上把你的产品带回家了。”

如果产品符合他们的标准（而且也没有其他因素干扰），他们可能会完成程序。最好是将客户带着产品满意地离开作为最后一步，而不是使付款成为最后一步。

某些类型的店铺自然会吸引一种或另一种模式的人。有些人（比如我）可能会对零售书店里大量的选择感到崩溃，而其他人则会为此而兴奋。

宜家（IKEA）是一家自我组装家居用品店，该店有一种主要是程序模式的店面设计风格。当你走进宜家时，除非火灾警报拉响，你必须先逛完整个商场才能出来。我知道这些，因为我试过了。他们有做每件事的程序。在店里走动、测量、决定、订购、排队、付款、停车、装载和回到家后组装家具，都有程序。

除了能创造，还要会推销

你可以看到，对于招聘和职业规划，选项模式和程序模式是非常重要的。事实上，这是一个如果做得对就会真正受益的领域。当你描述一个职位时，问一下这份工作的主要构成是遵循程序，还是创建并设计系统和程序。是安装和开发，还是维护？当你知道平衡点在哪里后，你写出的广告就可以吸引正确的人，并过滤掉不适合的人。（请参阅第21章招聘广告部分。）

如果你找到了正确的工作，一切都会焕然一新。如果你喜欢创建和开发程序，寻找替代方案和突破常规，选项模式的职位就是为你准备的。如果你更喜欢完成由你启动的工作，并遵循一步一步的流程，那么程序模式的工作就更适合你。当我在写这本书的第三版时，我首先创建了一个要遵循的流程，然后遵循它！（以选项模式创建流程，但大部分时间，我只是遵循流程。偶尔我也会灵光乍现，并想办法把这些奇思妙想写进书里。）

多层次营销（Multilevel Marketing）公司，如玫琳凯（Mary Kay）、安利（Amway）及所有保健公司，都是通过招募销售人员来销售它们的产品。根据金字塔骗局警报（Pyramid Scheme Alert）

网站站长罗伯特·菲茨帕特里克（Robert FitzPatrick）的说法，实际上，参与这类生意的人绝大多数是赔钱的。

很少有人能通过全职从事多层次营销而谋生，因为他们瞄准了错误的招聘对象。多层次营销公司试图通过宣扬收入无上限来招募新的传销人员。这是选项模式的语言。无限的选择或可能性、海阔天空般不受限制的收入，这些对选项模式的人是不可抗拒的。

当人们成为传销人员后，他们通常会发现公司已经制定了销售产品的程序。你所要做的就是积极主动并始终如一地遵循程序，赚到海阔天空般不受限制的收入，而这是大多数人都做不到的。具有讽刺意味的是，假如他们在推销程序中使用程序模式的有影响力的语言，新招募来的销售人员倒是更有可能赚到无限的收入。

当你看到对电话推销员适用的成功策略时，要知道这也适用于其他类型的销售人员。你会发现一个惊人的模式：他们需要遵循一种流程，也就是一种程序。因此，有程序模式的电话推销员可能比那些偏于选项模式的电话推销员销售量多得多。

原因很简单。销售要积极主动，也需要遵循一套程序。你接触潜在的客户，建立良好的关系，进行需求分析，提供符合需求的东西，最后帮助客户做出决定。这是一套程序。如果我偏于选项模式，这次我采用一种方法，下次我又会尝试另一种。

选项模式的销售人员业绩往往会大起大落，因为他们偶尔会想出一个妙招并大赚一笔。然而，他们并不打磨他们的程序，使之日臻完善，而且他们经常“忘记”跟进。有程序模式的人将不断地重复相同的流程，因为它让人感觉舒适和正确。这对于销售来说是非常理想的（尽管在不断变化的销售环境中，他们需要学习新的流程）。

某些类型的工作本质上就是选项模式或程序模式的。例如，驾驶飞机就很明显是一套程序。你能想象一个民航飞行员具有选项模式吗？“这次咱们去北极兜一圈吧。”任何与安全和安保有关的事情都需要程序模式的人。紧急情况下的处置程序需要牢记并严格遵守。有内部模式加程序模式的人做这类工作会非常出色（图 5.1）。另一方面，你会想要一个选项模式的人来开发和测试安全程序，最好是这个人也有避离模式，以避免错误。

图 5.1 一点点的不同

内部模式和程序模式兼具的人，无法接受不遵守规则的行为

建筑师需要有大量选项模式又理解程序模式的人来做。建筑承

包商则需要更多程序模式的人，以确保遵守规定。如果你要翻修房子的话，你或许想对此做个测试。

在需要开发创造性解决方案或现有系统的替代方案的情况下，选项模式的人会很优秀。例如，业务流程工程师需要大剂量的选项模式。

在法国的一家培训公司，我与老板密切合作，他在工作中有高度的选项模式和内部模式。我从他那里学到了很多关于设计创造性培训班的知识。我们经常应邀在同一个大型组织中多次主持同一种培训项目。

我们会在每期培训班开课前会面，以便为工作做准备，他会坚持提议我们重新设计每期课程。我会表示反对："可是皮埃尔(Pierre)，上期课程很好啊，实在是棒极了，他们都很喜欢。"他则会说："不，不，肯定还有更好的办法。"我觉得我们经常是把婴儿和洗澡水一起倒掉了，而你可以从中看到选项模式和程序模式之间的冲突。

实际上，为了设计培训课程，你需要开发选项模式，但为了完善培训课程的传授，你需要重复足够的程序模式，以便能够再现行之有效的流程。最优秀的专业演讲者都有打磨得很精细的套路，这使得选项模式和程序模式都成为必要。我认识一些有创造力的专业演讲者和培训师，他们有很好的想法和项目，但是都不会转变为主动模式和程序模式来推销自己。他们等待顾客，或者去创造另一个他们不出售的项目。

经常有一些职业会出现需要的模式与易于被吸引的人不匹配的现象。当我问护士们："你为什么选择做一名护士呢？"答案通常是："我想帮助别人"，或者"一旦我拿到证书，我就可以去旅行了"。这些都是标准，是选项模式的答案。许多人被吸引到护理专业，是因为对护士这个职业所提供的可能性感兴趣。她们是偏向于选项模式的人。

当她们决定做护士后，她们上了护校。那么是什么人在护校教书呢？是那些在医院的工作中没有找到他们想要的东西的人。于是护理专业的学生拿到证书后，去医院工作。医院是干什么的地方？是按程序做事的地方，而且程序通常都是非常严格的，很少有选择余地。

随着许多卫生保健体系为适应人口老龄化和预算紧缩，越来越强调以家庭为基础的护理。私人护理服务的数量在不断增长。你可以做一名护士，并且用你自己的方式去做，有机会开发替代方法。医院自身也不得不做出改变，需要更灵活的劳动力。

修复已知 bug 会提升产品购买率吗？

我在参与企业的变革运作时注意到一件事，就是公司内部不同部门之间的文化冲突。比如软件设计和市场营销。如果你是一位开发和设计软件的软件工程师，那么你很可能属于以选项模式为主的一类。市场营销人员则往往主要是程序模式，因为要将产品推向市场，有步骤需要遵循（除了开发信息、视觉效果和口号的“创意”步骤之外）。

软件工程师开发软件，他们经常放弃一个计划又去研究另一个计划。他们会不断改变、适应，使程序更完善，并提出替代的解决方案。营销部门会对他们大喊大叫：“别再修了！就这样把它给我们，我们就能把它推向市场。”

为什么你喜欢的软件包都会有那么多次的升级？一位做咨询师

的朋友总结了软件的问题："没有足够的时间一次把它做好，却有世界上全部的时间来修补它。"

同样的事情也会发生在设计工程师和工厂之间。设计工程师做什么？他们创造系统，设计产品。工厂做什么？他们根据设计结果制造产品。工程师不断地更改规格会把生产经理气得七窍生烟（图 5.2）。

图 5.2 最后一次修改！

为了更有效地协同工作，减少选项模式的部门和程序模式的部门之间的冲突，每个部门都需要理解其他部门的角色及其工作方式。

选项模式取向的团队需要创造性地探索各种可能性，以开发解决方案。程序模式取向的团队要理解，这些需要慎重考虑的工作，实际上将在适当的时间和地点完成。许多公司都会设置一个项目经理，希望他能够统筹处理好选项模式和程序模式，以协调两个部门之间的工作。

有没有注意到，当你问一个“技术迷”如何做某事时，他们会告诉你多种可能的方法。对于终端用户来说，找到使用软件、设备甚至电视遥控器的简单方法，是个持续不断的挑战。当然，我是在说我自己！我经常被使用技术时所需要的方式、选择和决定弄得不知所措。

你是否曾被人指导在网页上查找某些信息，结果却发现在页面上找不到？然后那个指导你的人坚称就在那个网页上，可你仍然找不到？技术的创造者和使用者对待技术的方式完全不同。眼球追踪研究表明，大多数用户在浏览网页时仍然使用“F形”视觉轨迹。开发人员不是典型的终端用户，他们更倾向于以类似图 5.3 中的移动方式高速浏览整个页面：

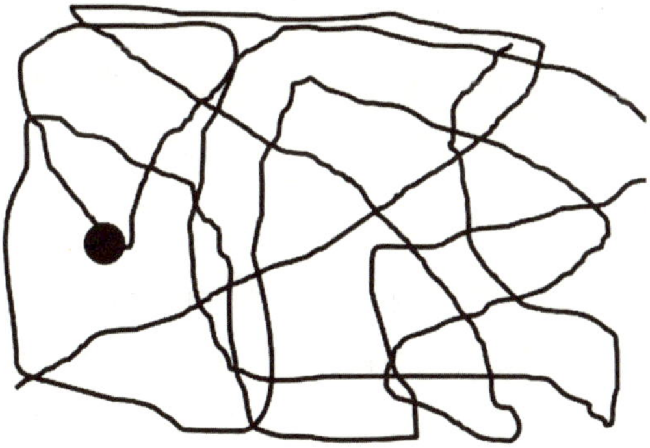

图 5.3　开发人员浏览页面的视线轨迹

当倾向于上述选项的开发人员，为无意识地一遍又一遍遵循同样程序的人们设计网页和其他技术时，问题就发生了。遵循“F 形”视觉浏览过程的终端用户无法找到超出其通常浏览模式的要素。如果选项模式和程序模式的这种分裂在简单的网页设计中依然发生，那么可以想象，当软件升级时，对于日常应用程序和产品的典型终端用户来说，他们熟悉的程序发生了变化，会给他们带来多大的困难。

我曾咨询过一家大型软件开发公司，以确定终端用户和企业购买者的语言行为模式。终端用户往往有程序模式和相同模式（下一章你将更多地看到关于相同模式的内容），而该公司软件的企业购买者则往往有选项模式和差异模式（想要新事物）。（下一章将更多地讨论差异模式）

谁控制着电视遥控器?

处于程序模式的人不喜欢切换频道。一旦他们看中了一个节目，他们就想一看到底。而选项模式的观众在看电视、奈飞（Netflix）、亚马逊影视（Prime）和优兔（YouTube）时，经常从一个节目换到另一个节目。

我怀疑开发“画中画”电视（“picture in picture” TV）的那帮家伙一定有选项模式或者“承诺恐惧症”！有传言说女人喜欢一个节目会看到最后，而男人则喜欢换节目看。杰瑞·宋飞（Jerry Seinfeld）（美国著名单人脱口秀喜剧演员、作家、电视/电影制片人。他最出名的作品是在美国家喻户晓的情景喜剧《宋飞正传》。——译者注）曾说：“男人不在乎电视上播什么，他们只关心电视上还播些什么。”

落地一个创新方案，记得备好 Plan B

有选项模式的人，在能够开发或建立新系统和程序的情况下工作得最好。他们总能找到办法，绕过标准操作程序，所以你需要决定如何才能最好地从他们的创造力中受益。他们的动力来自于从零开始进行创造的任务，特别是最终结果将增加选择机会的任务。为了激励他们，你可以告诉他们考虑各种可能性，或者为我们正在做的事情寻找一个替代方案。

你可以对有程序模式的人说这是做某事的正确方法，以此来激励他们。他们反复做同样的事情会感觉很舒服。要让他们知道得出最终结果有多么重要。

对于在工作中同时拥有选项模式和程序模式的员工，要给他们机会既能遵循流程又能开发或改进流程。你可以同时使用对这两种模式有影响力的语言。“你会找到更好的方法来做这件事。你可以确保它是正确的（内部模式和程序模式），然后你可以从现在开始使用它。”对于有外部模式的人，你可以代之以这样的话：“和我一起检查一下，以确保……是正确的。”

许多组织经常重组，寻找办法使员工更为敬业，并提高创造力和革新精神。它们的目标是让员工更新思维方式，以应对不断变化的环境。好主意！但是当你仔细分析这些重组方案中的模式时，请想想设计这些方案的目的是什么？通常它们传递的信息都是“最好具备选项模式”。你应当机动灵活，能够将正在做的事情改弦易辙，开发替代方案，并创建新的系统来预测和应对变化。

如果没有人能完成工作或走完流程，企业界、辅助性专业、教育体系或任何其他部门会发生什么情况呢？请想象片刻。当然，许多纯粹程序模式的岗位已经实现了自动化或者由人工智能在做了。

我发现了许多对程序模式的偏见。人们大都不愿被说成“程序化”。我认为，重要的是表彰程序模式的员工为公司所做的贡献，而不是指出这使他们变得多么死板。是他们把事情办成的，因此我们需要选项模式的人来思考新的选项和替代方案，我们也需要程序模式的人来保证方案得到实施。建立一个高绩效的团队，取决于你如何利用团队成员各自不同的优势来完成需要完成的工作。

利用客户的“选择困难症”

学习是一种特殊的情境。人们有不同的学习风格。了解你在“学习”这种情境中的配置状况（或者你所教的人的配置状况），将有助于加快整合新材料的速度。

当我得到第一台电脑时，我得到很多软件包。卖给我电脑的那个人是位资深电脑用户，他花了很多时间教我。他会说：“我想让你了解下为什么它会这样设置。”我会说：“不，我不想了解它为什么这样设置。告诉我怎样打开它就行了。”“好吧，”他会继续说，“你需要了解这个特殊程序背后的概念。”“不，我不想了解。我只想知道你是怎样制作和打印文件的。”或者在回答“怎样……”的问题时，他会说：“有好几种方法可以做到这点。”我会感到血压上升，回答说：“我不想知道好几种方法。你就告诉我一种方法，正确的方法！”

我需要一个可以遵循的程序。只在我掌握了一些必要的程序之后，我才可能对为什么这样安排产生一点兴趣。在这种情况下，他本可以适应我的风格，这样对我说："我将给你演示制作和打印一份文件的基本程序。一旦你搞定了，我将解释它是怎样运作的，这样你就可以掌握你需要做的其他事情，然后你就能自己找出答案了。"一个选项模式的人会因软件提供的各种可能性而产生动力。然而，我怀疑许多计算机新手和其他学习新技能的人，都只想要一个可遵循的程序。

当面对一个新的应用程序或一项新技术时，有些人只学习他们需要知道的知识，并且很容易产生挫折感。而另外一些人则以把玩的心态学习，直到他们发现所有的使用方法（选项）。当我意识到第二种策略对于掌握新技术更有趣、更有效时，我改变了学习方法。即使没有一个清晰的流程，但又有太多的选择要做出时，我还是会产生挫折感。

这在今天仍然是一个问题，在许多学习项目和培训班上也是如此。专家们给初学者提供了太多的选择，令学习者不知所措。另一方面，我记得我参加过一个关于创造力的培训班，培训师却给了我们一个如何培养创造力的程序。

当一群人一起学习新东西时，他们需要一个分步骤的程序，这样他们才能遵循一个流程来掌握一项技能。不要一开始就给他们选项或替代方案。同样，当你给一群人下达指令或者给他们委派任务时，如果你给他们过多的选项，他们可能会陷入茫然。如果你在给一个团队下达指令时，给他们一个清晰的流程，他们会更容易地投入行动。

我在蒙特利尔（Montreal）的一次会议上，举办了一个关于语言行为模式的初级培训班，我们没有在规定的时间内完成我们想实验的所有模式。那些人似乎很沮丧，想继续下去。我说："好吧，咱们有几种选择。可以现在停下来吃午饭，然后早点回来实验最后一组模式，也可以现在继续做下去，晚些吃午饭，还可以干脆就把它忘掉。你们喜欢怎样？"每个人都"嗯、嗯、嗯……"，没人回答。

我说："我有个建议，咱们现在休息去吃午饭。想做完实验的人，可以提前半小时回来，在这个房间碰头，我们接着做完。"他们都说很好，然后每个人都去吃午饭了。

在向一群人解释一种练习或分配一项任务时，你需要明确地告诉他们一步一步的流程。

当我们指导别人的时候，我们经常试图帮助他们有更多的选择。如果你的客户只需要一套程序，而你却给了他们太多的选择，你可能会不经意间让他们陷入超负荷的境地。请注意，不是剥夺，而是超载，选择太多了。一个循序渐进的过程对他们更有帮助。

选项模式的人培训客户，热衷于探索替代方案，但可能不太愿意承诺采取行动。激励他们这样做的一个办法是，提醒他们想想所有的标准，并向他们证明选择和遵循程序将使他们达到这些标准。

选项模式的标准

"一旦你选择了一种方案并付诸实施，你就会有更多的机会与家人共度时光或者探索新的爱好，等等。"（选项模式和趋向模式）

"一旦你选择了一种方案并付诸实施，就不必担心所有那些妨碍

你与家人共度时光或者探索新的爱好的事情了。”（选项模式和避离模式）

表 5.2 行为依据类型总结

问题	你为什么选择现在的工作（或房子等）	
选项模式	强迫自己开发与创建系统和程序，但难以遵守规定的程序	
程序模式	更喜欢采用经实践检验可靠的方法。没有程序可遵循时就会被难住	
在工作情境下的分布	40%主要为选项模式 20%为选项模式与程序模式对等 40%主要为程序模式 （在工作情境下，根据罗杰・贝利的数据）	
有影响力的语言	对选项模式的人	机会；多样性；无限的可能性；大量的选择；选项；为他们打破规则
	对程序模式的人	正确的方式；怎样；经过检验证明可靠的；按程序发言：首先……然后……最后

第 6 章

我们为什么厌烦系统自动更新?

变化频率——相同模式、例外模式与差异模式

这一类别探讨的是你的生物钟及改变的频率。你的动力来自渐变、剧变、两者都有，还是稳定？有四种模式：

相同模式

具有相同模式的人希望他们在特定情境中的情况保持不变。他们不喜欢改变，可能拒绝适应。他们每 10 年会接受一次大的改变，但是每 15 ~ 25 年才会激发一次改变。

相同中有例外模式

相同中有例外模式的人们，喜欢在特定情境中大体保持不变，但有进展。如果变化不太剧烈，他们会接受变化。他们更希望自己的

处境随时间推移而慢慢演变。他们倾向于抵制重大变化，除非这些变化被认为是进步的或渐进的。

他们需要平均 5 ~ 7 年进行一次重大变革。在工作情境中，这是人数遥遥领先的最大类别，可能在许多其他情境中也是如此。

差异模式

差异模式的人喜欢变化；他们以变为乐，希望变化是经常的和重大的。他们会抵触静态或稳定的环境。他们每隔 1 ~ 2 年就需要一次剧烈的改变，如果得不到，他们可能会离开。他们希望变化是革命性的，是彻底的。

相同中有例外和差异模式（双重模式）

两种模式兼有的人既喜欢变化和革命性的变异，也喜欢形势处于渐变中。他们对剧变和渐进式改变都很满意。他们平均 3 ~ 4 年需要一次重大变革。

问题：

你今年的工作和去年的工作有什么关系？

（假期，这个家和上一个家，等等。）

或者

这份工作和你的上一份工作有什么关系？

问题问的是："……之间的关系是什么？"在这种情况下，"关系"这个词意味着相同、相似或某种联系。人们或许会很自然地理解这个词，告诉你它们是如何相同或相似的，或者他们不明白你的意思，再或者他们将其重新解释为意味着如何不同。

相同模式

◎ 它们为何是完全相同的。

◎ 它们有什么共同点。

◎ 它是如何没有改变的。

相同中有例外模式

◎ 它是如何随着时间演变的。

◎ 它们是相同的，只是更多或更少，更好或更糟，有所改进；等。

◎ 更关注旅途，而不是到达目的地。

差异模式

◎ 可能不懂关系这个词。

◎ 会描述两者是如何完全不同的。

◎ 新的，不同的，改变的，改观了的，革命性的。

◎ 关注目的地，忽视旅途。

相同中有例外和差异模式

同时使用差异模式和相同模式的语言，但都有例外的回答。

要想在工作情境中测试你的诊断，可以问问这个人，他们多久更改一次他们在工作中所做的事情。他们在工作中的头衔可能是相同的，但我们要看的是他们多久改变一次责任。他们的答案通常会与他们模式的变化频率相匹配。在其他情境下，你可以通过询问他们多久搬一次家，他们每年的假期都怎么度过，他们是每次都去同一个避暑别墅还是做不同的事情等，来进行检验（表 6.1）。

表 6.1 不同类型的典型语言

类型	典型语言
相同模式	“完全一样。我还在捣鼓数字呢。”
相同中有例外模式	“两者是一样的，但我的责任更多，时间更少。”
差异模式	“完全不同。现在我做外部销售。”
相同中有例外和差异	“今年有了很大的变化，我的业绩有了很大的提高。”

当你问这个问题时，要特别清楚地识别情境，因为人们的模式经常会随着他们所谈论的内容而改变。我曾经剖析过一个人在好几种情境下的情况。在工作情境下，他说：“是的，基本上是一样的：我有了更多的责任，有更多的人要监督，还有更多的账目要管理。”这是相同中有例外模式。然后我说：“好的，你度过的上一个假期和之前的假期有什么关系？”他说：“关系！你说的关系是什么意思？”在回答第一个“关系”问题两分钟后，他就突然无法理解“关系”这个词了，仅仅是因为我们切换了情境。

有影响力的语言

下面是一些能改善沟通和维持融洽关系的全新方法。

相同模式

相同的；共同的；如你一贯所做的；像以前一样的；不变的；如你所知的；保持；完全相同的；一模一样的；同一的。

相同中有例外模式

更多；更好；更少；除……外；先进的；升级；进展；逐步改善；相似但更好；提升；增长；改进。

差异模式

新的；完全不同的；不同于其他任何事物的；独特的；独一无二的；完全改变了；认不出来了；移位；切换；彻底变了；全新的；闻所未闻的；唯一的。

相同中有例外和差异模式

更好和更新的；一种完全不同的改进方法；逐渐做出改变；转变到一种更放松的状态；这是全新的，比以前好多了。

改变的动力来自何处?

由于人们在不同的情境可能会有不同的模式，所以不要将一个人概念化是很重要的。我有一个朋友，尽管他频繁地换工作，却总想去同一家餐厅，点同样的菜品。在阅读情境中有差异模式的人，可能在任何时候都同时在读着四五本书。有些人有乡间别墅，每年都去那里度假，而另有一些人却从不考虑去同一个地方两次。

当我回顾自己的过去时，我发现我有每18个月搬一次家的习惯。我后来还发现，如果你这样干的话，银行和其他金融机构会认为你是个靠不住的怪人，不愿意给你提供抵押贷款。猜猜他们有什么模式?

了解自己的模式，可以帮助你理解和预测生活中将要发生的事情。有一年秋天，我寻求改变的铃声响了，突然间，我开始对我住处的一切都看不顺眼了。我心里痒痒着又想搬家了。但我对自己说，由于我正在推行好几个商业项目，我需要银行的合作，我需要他们把我当成一个稳定的、正常的人。于是,我粉刷了客厅,买了一些新家具，挪动了一些旧物件，让整个房子看起来不一样。在我得到我需要的资金支持后，我才破费买了一处新房子。我对这所房子做了很多改变和翻新，在里面住了16年。此外，我经常旅行，所以从理论上讲，我并没有真正在里面生活16年。

我有一个朋友，在工作和学习的情境中兼有高度的选项模式和差异模式。她在3座不同城市的3所大学读了3个不同的硕士学位，却都没有完成。她收养了3个不同背景的孩子。她在拿到第一个本科学位后，又回到学校学习了护士专业。她时常会回到医院工作，因为她真的喜欢照顾别人。但她往往待上一阵子，又会因医院的种种固定程序而感到沮丧，然后离开。她的变化模式平均为 1 ~ 2 年，而在某些情境下，变化周期又会短至 6 个月（图 6.1）。

图 6.1 “仓鼠搬家：每 7 年一次。”

当一名学生，对她来说非常困难。因为如果她读过一本书，她就无法忍受再读一遍。她和我一起做了一次语言行为模式，然后决定：“我要攻读这个硕士学位，并且拿下它。”（她也有内部模式。）这是她的第三次尝试，她设法为完成硕士学位建立了许多不同的项目。

为了撰写论文，在她丈夫在亚洲休假期间，她在那里开展了一个与完成学位有关的研究项目。她找到了一种方法，将她对差异的需求融入她的项目中。自那以后，她完成了博士学位，并在三年内换了两次工作。

她丈夫在好几种情境下属于相同中有例外模式。他的动力是渐变和进步，而她更喜欢不断变化。这会对婚姻造成影响吗？或许配偶的模式并不重要。只要先生认为情况正在好转，而太太认为情况已完全不同，又或者只要太太挪动家具时先生别把小腿撞上去就可以了。

对于有不同模式的伴侣，我建议你们要理解自己对改变的需求，也要理解配偶的需求，并确保每个人都觉得自己的需求得到了满足。

少部分职位才真正需要革命家

当你在准备招聘，做职位分析的时候，有几件事情需要考虑。这份工作需要大量不同的任务吗？每个任务会有多长时间保持不变？成功地实现目标，是需要创造一场革命（差异模式），还是在已有的基础上建设（相同中有例外模式），还是维持现状（相同模式）？每种成功的可能性有多大？

你可以预测，具有高度差异模式的人很可能会在自己周围创造出革命式的大变化，特别是如果他们也具备主动模式和选项模式的话。实际上，一个既有选项模式又有差异模式的人，很可能是一个难以抑制的变革艺术家。

我有一位具有这种模式的客户，已经两年没见了，我想拜访他，于是电话联系了他之前的公司。不出所料，他已经另谋高就了。不过谢天谢地，现在的社交媒体使我们寻找经常跳槽的人变得更容易了。

我分析了一个人，向他描述了他的差异模式，以及这对他的职业生涯意味着什么。他反驳说，他已经做了 30 年的高中教师或校长。

我问他在几所学校工作过。他回答已任教过 17 所学校。了解这些模式能让你预判某人的过去，这将成为你引而待发的撒手锏。

由于大多数人（65%）在工作情境中都是相同中有例外模式，你将更有可能遇到这样的应聘者。很多工作都需要有人建设和推进，少部分职位才真正需要革命家。

要想吸引具有相同模式的应聘者，就谈论维护、安全、稳定等。要想吸引偏于相同中有例外模式的人，就提发展、改进、成长、提升等。对于一个需要更多差异模式的职位，那就要讲简短的计划了，要使用这样的语言：新的，不同的，短项目，独特的工作环境等。

有些职业本质上就能吸引有特定偏好的人。初创企业会吸引喜欢尝试新鲜和与众不同的事物的人。在公立学校系统（英国是国立学校）任教往往会吸引工作情境中偏于相同模式的人。他们在学校系统中苦读 12 年，之后上大学（另一种学校），然后又回到学校系统。当然也有例外，原因之一是改革课程、考试办法、教师评估程序等，也会富有挑战性。

具有相同模式的员工对变化反应不佳。他们非常适合于不变的任务，例如许多行政或生产任务。这种模式的管理者会努力保持高标准，并希望提供持续性。这个属性也适用于需要与客户保持长期的融洽关系的工作。为激励相同模式的员工，谈谈这个任务与他们已知的事物有什么共同之处。

相同中有例外模式的员工会接受每年一次的变化，只要不是太剧烈的变化。如果将他们置于剧烈变化的环境中，他们会感到有压力。当他们看到工作中的进步时，他们会更有动力。为了让他们对一项任务产生兴趣，可以告诉他们这项任务如何会让情况变得更好，或者如何能让他们已经在做的事情更进一步。

为了吸引差异模式的人，可以给他们很多不同的事情去做。让他们改变一些事情（如果他们也是主动模式的人），或者制造出一些变化来让他们应对（如果他们是被动模式的人）。对于一些公司来说，这种情况无论如何是经常发生的。

差异模式的人们需要听到他们正在做的事情是如何地完全不同。每次我更新本书（对相同中有例外模式的人来说）或推出本书的新版本（对差异模式的人来说），都会有许多人问我书中有什么新内容。这暗示了他们真正想要的是什么！

用“持续改进”代替“革命性改变”

从前（很久以前），大公司都有一个部门叫作打字室（Typing Pool）。许多在打字室工作的人都会在里面待上很长时间，有时长达15年、20年或25年，整天都在为各种文件打字。然后奇迹发生了，文字处理器被制造了出来。

变革的推动者们对这些奇妙的新机器所能提供的各种不同的可能性感到非常兴奋。他们这样向在打字室工作的人们宣告这些神奇机器的到来：“我们买了一些全新的机器，它们将彻底改变你们的工作方式。”很多人因此辞职了，无数更多的人则惊慌失措地说：“我老了，学不会这个了。我干不了了，我是个失败者。”没过多久，打字室就从职场彻底消失了。

这个故事的教训与革命性的机器无关，而在于如果你打字超过15年，你真的会对“彻底改变”感兴趣吗？关于“改变”的语言在工作场所给组织变革制造了许多不必要的压力和阻力。

忘掉“全新”这样的词吧。忘掉“彻底改变”这样的说法吧。对于具有相同模式和程序模式的人们来说，更合适的语言应该是这样的：“我们买了一些和打字机一模一样的机器。它们有一样的键盘，有一些额外的按键，功能更强大，能让你打字更快，改错更容易，但本质上讲，它们是一样的。我们会教给你使用它们的方法。”

一些组织开始注意到大量员工都对频繁的变化感到畏缩。许多组织都推出了“持续改进”计划，却没有将其称为“革命性改变”计划的。

但这一教训需要反复重温。许多公司似乎在经常重组、重新设计、改变技术和引进新软件，而从不考虑员工的模式。

通过了解你的员工队伍并规划好你的公告和实施计划，为重大的技术和组织变革做好准备，是非常重要的。将你使用的语言与受影响的人的模式相匹配，可以极大地提高使变革持久的机会。压力和阻力并非变革计划的必然结果。

我注意到那些在组织中负责引入或实施变革的人，经常对变化有着很高的个人需求。他们往往与周围的环境格格不入，因此与他们想要影响的人说着不同的语言。

为了减少与压力相关的疾病，让员工接受变化快、压力大的环境，很重要的一点是发布和实施战略时，使用对程序模式和相同模式的人有影响力的语言。这给人们一种熟悉的感觉，让他们明白对他们有什么期望。

“现在我们介绍这个流程（避免说“新”字），你会注意到（你会发现）我们在维护你们已知并一直在做的当前的优先事项（相同模式），而且我们一次只走一步（程序模式）。每走一步，我们都将教给你要使用的程序（程序模式），以便更容易地保持一切顺利运行（主要是相同模式和程序模式）。”

使用相同模式和程序模式的语言和实施步骤，的确有助于给不堪重负的员工减压。

新可口可乐缘何铩羽?

又要说一次，好的市场调研是无可替代的。有一个年代久远却很发人深思的市场惨败案例。你知道新可口可乐（New Coke）吗?在1985年4月至7月间，这款广受喜爱的软饮料在很短时间内推出的新配方。显然，当他们测试新品种的味道时，结论是确定的：新配方比原来的味道更佳。然而，他们却没法测试这个名字。

可口可乐公司是这样描述问题的：“可口可乐传奇的秘密配方被改变了，采用了一种经过近20万消费者口味测试后首选的配方。无疑，这些测试没有考虑可口可乐粉丝们的感受：他们不希望任何人，包括可口可乐公司在内，对可口可乐的配方进行篡改。”

请考虑一下这个类别中的模式分布。根据罗杰·贝利的研究，在工作情境下，最多只有30%的人对新事物感兴趣。但对于一款软饮料，你认为有多少人会选择喝新品种，而不是他们所熟悉、信任并一直购买的老品种？显然不是很多。可口可乐公司做出回应，将老可口可乐重新投放市场。他们称之为经典可乐（Coke Classic），这是相同模式的语言。当然，后来他们再度推出新产品，如零度可乐（Coke Zero，一种针对成人的无糖可乐）等时，也没有提及任何新东西。

加拿大啤酒品牌拉巴特蓝（Labatt Blue）显然理解这种模式。他们曾制作过一个广告牌，广告语是："厌倦一直喝同样的口味了吗？我们也没有。"我猜想大型知名啤酒品牌的消费者都有相同模式，而那些偏爱小啤酒厂的家伙才经常渴望新口味。

美国的马歇尔百货（Marshalls）和加拿大的温耐斯（Winners）都是女装和家居用品连锁店，它们都用差异模式的口号来吸引女性顾客，分别是"在马歇尔百货，总会有新的发现和爱"，或者"一家与众不同的店"。

当你的市场主要是相同模式的顾客时，你需要证明产品将怎样给他们一些熟悉的感受。它必须看起来、听起来和感觉起来都是可靠的。"你可以永远依赖我们"，或者"我们会一直在那里"。这对于新产品和新服务来说可能是一个创造性的挑战。你觉得这样的广告词如何："还记得你……的时候吗？它又回来了，和从前一样，比从前更好。"

相同中有例外模式的客户想要的是改进。要向他们展示你的产品或服务如何优于竞争对手或他们以前拥有的东西，如何会让他们的生活更轻松（趋向模式），更少麻烦（避离模式）。终端用户则可能更愿意购买升级版而不是全新的软件包。

差异模式的人想要的是全新的、与所有其他人都不同的东西："你将在你的邻居中成为唯一”（外部模式），或者“你将亲眼看出这有多么独特”（内部模式）。如果你想吸引所有人，就需要升级如何“新”和怎样“改进”的说法了，因为上述口号现在也已经是土老帽儿了。

“闪亮新事物”综合征

在销售和市场营销方面，有两个情境非常重要。第一，吸引潜在客户的注意；第二，使他们启动购买流程。要想在网上、街上、购物中心等地方引起近乎所有人的注意，你需要从人群中脱颖而出。这意味着要在某种程度上与众不同。网络广告不遗余力地利用色彩、动作和招摇的标题来吸引人们的注意力。这种针对差异模式者的举措是必不可少的。然而，一旦你获得了关注，接下来就要注意匹配你的听众的变化频率模式了。

对于许多银行业务来说，客户希望他们的客户经理在如何使用网站、表单和程序等方面给他们带来有相同模式的感觉，即使他们在寻找更好的服务或产品。

在咨询和培训领域，我们经常会遇到有“闪亮新事物”综合征（“Shiny New Object” Syndrome）的客户。他们对新工具、新顾问、新方法充满热情，并承诺让整个组织学习和实施该体系。咨询师们经常发现，一旦第一轮培训完成，客户就不再回应他们，因为客户们正着手处理下一个“闪亮新事物”。解决方案是什么？那就是要对一个项目做出承诺（并支付报酬），这实际上会对人和组织产生积极的影响，并确保你的收费是物有所值的。

软件的购买和使用提供了一个有趣的情境。根据我与一些主要软件公司的合作，我偶然发现我和客户之间出现了一种有趣的模式冲突。对于软件的企业购买者，我们注意到他们似乎有一种选项模式和差异模式的组合。他们经常想要升级的软件或者看起来完全不同的新软件，有更多可能的应用程序，即使他们眼下并不需要这些应用程序。

与此形成反差的是可怜的终端用户，面对每一次新的安装，他们都会感到痛苦，不得不重新学习所有的东西。终端用户往往具有相同模式和程序模式的组合。就像我在面对软件时一样。每当我常用的软件更新时，我都很厌烦，因为我担心我将不得不花上好几个小时的时间去学习如何使用它——而且是又一次！

针对我的软件客户，我们开发了营销材料和销售流程，以反映购买者在购买过程各个阶段及终端用户的模式。这个过程的一部分包括教育购买者如何让终端用户更加热情，并减少对新升级的抵触。

表 6.2　变化频率类型总结

问题	（你今年的工作和去年的工作）之间有什么关系
相同模式	他们喜欢事情保持不变。每 15~25 年才会发动一次变革
相同中有例外模式	他们更喜欢随时间推移而渐变的情况。大约每 5~7 年想要一次大变革
差异模式	他们希望变化是持续和剧烈的。每隔 1~2 年会发起一次变革
相同中有例外和差异模式	他们既喜欢渐变也喜欢剧变。希望平均每 3 ~ 4 年发生一次重大变化

（续表）

在工作情境下的分布	5%为相同模式 65%为相同中有例外模式 20%为差异模式 10%为相同中有例外和差异模式 （在工作情境下，根据罗杰·贝利的数据）	
有影响力的语言	对相同模式的人	与……相同；正如你已经知道的；和从前一样；完全相同
有影响力的语言	对相同中有例外模式的人	更多；更好；更少；与……相同，只除了；循序渐进；进步；逐步改进；升级
	对差异模式的人	新的；完全不同的；彻底改变的；切换；移位；独特的；独一无二的；全新的
	对相同中有例外和差异模式的人	更好和更新的；一种完全不同的改进方法；逐渐做出改变；转变到一种更放松的状态；这是全新的，比以前好多了

语言行为模式工作表：动机模式

表 6.3 是一份动机模式工作表，可以帮助你掌握如何提出语言行为模式问题，并识别受访者的模式。在工作效率模式部分的结尾处，也能看到一份类似的工作表。完整的剖析表（既包括动机模式也包括工作效率模式）则收录在本书的结尾处。

该表的左边是问题。我用黑体强调了基本问题，而情境则需要手填。记住，关于动机模式的“程度”（主动模式还是被动模式），没有问题可问。你只需在对方说话时注意倾听，即可识别他们的模式。

表的右边是模式类别和对识别模式的标志性关键词的总结。

表 6.3 语言行为模式工作表：动机模式

姓　名：　　公　司：　　分析人：
职　位：　　日　期：　　情　境：

类别	问题	模式	标志特征
活动程度	（没有问题可问）	主动模式	行动，去做，简短、干脆的句子
		被动模式	试一试，想想看，可能，等一等
反应标准	你（在工作中）想要得到什么？		
行动方向	为什么这个很重要？（问 3 次以上）	趋向模式	达到，获得，实现，取得，纳入
		避离模式	避免，排除，认识问题
动机来源	你怎么知道你在……方面做得很好？	内部模式	认识自我
		外部模式	别人告知，事实和数字
行为依据	你为什么选择（目前的工作）？	选项模式	标准，选择，可能性，多样性
		程序模式	故事，如何，必要性，不选择
变化频率	（你今年的工作和去年的工作）有什么关系？	相同模式	相同，没有变化
		相同中有例外模式	更多 / 更好，比较
		差异模式	改变，新，独特
		相同中有例外和差异模式	新和比较

当我面试某人时，我通常一开始会在“主动模式”和“被动模式”这两个选项上各打个钩，因为60%～65%的人都处于中间状态。随后在采访过程中，如果他们主要使用一种或另一种模式的语言，我会在适当的位置添加对钩。

关于变化频率，如果某人倾向相同中有例外和差异模式，我通常会给每一个相同中有例外模式的例子打钩，也同样会给相同中有例外和差异模式的例子打钩，这样我就能了解这个人在每一种模式中所占的比例了。

我经常会记下能显示某种模式的表现，以便在与该人一起回顾结果时予以验证。

当与别人分享他们的语言行为模式结果时，要避免使用诸如“趋向模式”或“避离模式”之类的术语。如果你只是描述每个模式的行为，将会更有意义。例如：“你更喜欢解决问题和排除故障，而不是朝着目标努力。当有问题需要解决或预防时，你就会被激发而采取行动。”

第二部分

打造高效执行力
8类工作效率模式

第 7 章

在首席财务官后演讲

信息范围——具体模式与总体模式

通过信息范围类别，你可以确定一个人是更善于处理宏观和宏大的设计，还是处理细节时更得心应手。这个类别有两种模式：

具体模式

在特定情境中具有具体模式的人，小块信息处理得很好。在极端情况下，他们无法感知或建立宏观概述。他们以线性序列应对信息，一步一步地处理所有细节。

一个具体模式的人能看到树木、树干和树枝，却看不到森林。因此，他们可能难以分清轻重缓急。

如果他们在一个序列的中间被打断，他们往往或者从头开始，或者从被打断的地方继续讲述。具体模式的人擅长做必须处理好细节的工作，比如组织活动或操办后勤。

总体模式

在任何特定情境中具有总体模式的人，更喜欢在概述或概念级别上工作，尽管他们在有限的时间内也能专注于细节。由于他们能一下子看到大局，他们可能会以随机顺序提出想法，而不是说明一个想法与另一个想法之间的联系。他们专注于森林，如果长时间地让他们与树木打交道，他们会感到很恼火。

虽然这个类别没有特定的问题，但你可以在对方说出的每句话中识别其模式。确定对方模式的一个简单的方法是给你的语言行为模式访谈定时。平均来说，一次充分的面谈需要 5 ~ 8 分钟来完成，不包括你给被访谈者反馈的时间。对于具体模式的人，面谈的时间会长得多。下面介绍如何在对话中识别这些模式：

具体模式

◎ 按照顺序，一步一步地说话。

◎ 有很多修饰语、副词、形容词。

◎ 用专有名词来表示人、地方和事物。

◎ 如果他们说话的顺序被中断，他们可能重新开始，也可能从中断的地方继续。

◎ 只看到他们所处的步骤及其前后，对全局没有太多的感知。

总体模式

◎ 可能以随机顺序表述事物。

◎ 概述，总结。

◎ 概念，抽象。

◎ 简单的句子，修饰词或细节很少。

◎ 少言寡语。

表 7.1　不同类型的典型语言

类型	典型语言
具体模式	“昨天上午 10 点，乔治和我会见了来自罗马的大客户维瓦尔迪（Vivaldi）先生，谈到了我们连续第三年续签货运合同的问题。他现在希望明年的总价格中包含纸板包装的价格。”
主要是具体模式	“昨天上午 10 点，乔治和我会见了我们在罗马的客户维瓦尔迪先生，讨论了续签货运合同的事情。他想把包装纳入整个交易中。”
具体模式和总体模式对等	“昨天，维瓦尔迪先生告诉乔治和我，他想在明年的价格中加入纸板包装。”
主要是总体模式	“明年维瓦尔迪先生想要重新谈判我们的合同。”
总体模式	“罗马想重新谈判。”

经常有人问我，当某人在回答动机模式中行为依据类别的问题时，怎样才能知道他们是具体模式还是程序模式，他们是否在编故事。行为依据类别的问题是：“你为什么选择现在的工作？”为了区分程序模式和特定的序列，也就是具体模式，你需要注意他们提供的细节的量。

下面是一些实例。第一个是一个程序模式的人的回答，他在这个情境中主要是总体模式。

“我真的没有选择这种工作。我原先在另一家公司工作，他们裁掉了很多人。这个机会出现的时候我正好没有工作。于是我申请了，成了。”

这是程序模式和主要总体模式的组合。下面是一个程序模式和主要具体模式组合的实例。

“从 2001 年到 2010 年，我一直在伍福德饼干和饮料公司担任现场工程师。后来公司陷入了一段财政困难时期，为了避免破产，他们不得不裁掉了 250 人。他们关闭了我的部门，然后我失业了八个半月。我在三个地区各发出了 30 份简历。不久，特效治疗清洁公司的斯蒂芬妮·斯洛布多诺维奇给我打了电话。第二天上午 10 点，我参加了面试，被录用了。”（说了很多细节，却没有说出选择这份工作的标准。）

下面看看具体模式和选项模式组合起来是什么样子。

“这正是我要找的东西。我擅长和不同类型的人合作。我和高个子、矮个子，胖子、瘦子都能打交道。一头卷发的人、头发稀疏的人甚至是光头……什么人都行。”

这不是在编故事，这里说的全是标准（因此他是个选项模式的人），并且是用我所说的“折磨人”的细节在描述。（如果我把这个例子说成是“折磨人”的话，那你觉得这说明我本人是什么模式呢？）

随着你能越来越熟练地从日常会话中识别模式，你会发现自己能立刻注意到和听出许多模式，有时是在一个句子里。

有影响力的语言

一般来说，在谈话中恰好用对方同你说话的方式来匹配他们的模式，是非常重要的。

具体模式

确切地；准确地；特别地；细节；使用序列和许多限定词。

总体模式

大局；主要思想；本质上；重要的是；一般来说；概念。

善用信息差

当一个总体模式的人与一个具体模式的人交流、谈判或解决问题时，你会注意到他们之间有许多误解。例如，具体模式的人可能专注于某个问题的每个单独的例子，并按时间顺序列出发生的事情，而总体模式的人只想直奔要点。两种人处理的信息块的大小差异很大。一种人细致入微地处理每条信息，另一种人则试图弄清全局。可能会发生下面几种情况：

1. 虽然总体模式的人能够在短时间内追随具体模式的人，但他很快就会感到厌烦，或者觉得会淹死在细节中，于是便会想要退出、离开或大喊大叫，这取决于他的喜好。
2. 具体模式的人会提供更多的信息细节，试图让他人更准确地了解情况，却可能不理解总体模式的人总结情况的意图。
3. 总体模式的人可能说话含糊不清，以致没有给别人提供足够的信息，以便理解他到底在说什么。于是，他可能失去具体模式的人的信任，他们会怀疑他有不良意图。

那么，有什么解决办法呢？有几种选择（你难道不知道吗？）：首先，你必须认识到这种情况可能需要一些时间来解决，因为其中一方需要细节。在需要妥善整理契约协议的细节时，具体模式可能是个优势，并且可以节省以后的时间。而如果你带有几分总体模式和趋向模式，就要小心别忽略某些内容。

你可以让一个既具有具体模式又具有总体模式的人在两者之间进行调解，基本上是来回翻译双方的话。如果是你在调解，你需要向双方保证他们各自的方法都是重要和有意义的，无论相互之间是多么不同。

对于具体模式的人，你需要回放他们的问题和标准，然后描述你将推行的顺序，其中包括将信息用一般化的术语进行表达。对于总体模式的人，要向他们介绍大局。“重要的是确保你们能相互理解。我将通过在流程中进行推动来帮助你们。”

其他的选择还有，让具体模式的人在一页纸上列出重要的问题，以便于总体模式的人理解。为了让总体模式的人更明白具体模式的人的意思，你可以问他们一些令具体模式的人敏感的问题，比如:“你怎么知道什么时候是正确的？”或者:“你能给我举一个具体的例子吗？”再或者:“具体会发生什么情况？”

为了发挥每个人的优势，要让具体模式的人检查任何协议的细节，特别是如果他们也有避离模式的话，这样他们就能找出几乎所有的错误和遗漏。总体模式的人将能够确定流程是否总体在达成协议的轨道上。

关键是确保每个人都理解他们自己和其他人是如何发挥作用的。他们可以利用差异互补来实现互利，只要他们能够如上所述接受这些差异并在流程中进行调整，以照顾到每个人的需求和优势。

当某些人是高度的具体模式时，你怎样与他们互动，帮助他们快速完成任务？你能做的一件事就是问他们最终会发生什么情况。这可能被认为是一种冒犯，但至少不是一种中断。

当我的软件公司 Weongozi 为我们的 Libretta 软件申请专利时，我们聘用了一位出色的律师。他是具体模式和总体模式的混合体，对于即将到来的复杂任务，这很完美。他还兼有主要的程序模式和大量的选项模式。

他能够缩小范围，确定总体战略，并关注到每项要求中的细节。我们的开会时间总是很长，因为他要一步一步地同我们讨论每一个环节。我很不耐烦去听所有的细节，因为这超出了我的注意力阈值，但这很重要，所以我强迫自己去听。

有一个类比可以说明有具体模式的人是怎样处理信息的。当人们想要记起一首歌的歌词时，他们通常会从开头唱这首歌，因为歌词是按顺序存储在他们的大脑里的。如果你打断他们,他们就会丢失思路，而必须回到起点重新开始。简单的交谈和回应不会让他们回到起点，只有被打断才会让他们重新开始。

问他们“然后发生了什么事？”可以帮助他们进入下一个项目。这样做,你就在尊重顺序的情况下,让他们进入到下一个步骤。“然后”这个词假定了事情发展的前后顺序。还有一个建议是，如果他们的具体模式尚不离谱的话，就请他们快进，就好像他们已经把自己的想法录在了磁带上一样。

把镜头拉远：向上管理

一项工作是需要在很长一段时间内密切注意具体的、连续的细节，还是这样细致的工作只在整个职责中占一小部分？簿记要求有人能长时间地专注于细节，决定财务战略则更多地是一种总览的任务。主要为总体模式的人往往在人员管理和项目管理方面更能发挥作用。

制造业的许多职位本质上都适于具体模式的人，比如装配线上的工作。总体模式的人如果做这类工作，会因为不注意细节而犯很多错误。质量监控则适合主要是具体模式且兼有程序模式和避离模式的人来做。

分析一个职位时要回答的基本问题是，对细节的关注在多大程度上是必要的？你不会指望药剂师在配药时通常都能准确地掌握剂量，但他们现在有机器来做这事了。

如果一位管理者对于具体模式和总体模式有同样的偏好，他可能很难共事。这种管理者不仅知道需要做什么，而且往往会非常具体地吩咐员工如何去做。因为作为管理者，他们对工作的两个方面都很在行，所以他们通常不会委派工作，他们认为自己做更顺手，或者自己能做得更好。当他们再具备合作模式时（请参考第 10 章工作风格），他们不会给员工留下任何自作主张的空间。

在细节和全局上同样擅长的人，优点之一是能够承担复杂的任务和进行缜密的分析。他们可以处理任何层面的工作，也能照顾到全局。

而领导者要做的最重要的事情之一，就是决定为了实现目标，当下（今天、下周、下个月等）应该关注哪种程度的细节。如果你是个自我领导者，对你来说也是如此。如果领导者在本不应该的情况下纠缠于细节，就可能错过完成重要工作并进入下一阶段的关键。我曾与一所新学校的校长进行过交谈，他雄心勃勃地想要迅速成长。我建议他确保正在做的工作需要他的技能，否则就把这些工作委托出去。

员工还需要确保他们在做正确的事情，要平衡细节与大局。加芙列拉（Gabriela）的老板向我抱怨说他不知道该拿她怎么办。虽然她每项任务都执行得很好，对整个部门却没有帮助。她是销售经理，但并没有完成销售目标。

因为老板的负面反馈，加芙列拉很不高兴。虽然老板认可她出色地完成了任务，但他不断重复说她并没有达成目标。她没有着手于那些会带来改变的重要事情。她太专注于细节，以至于没有把注意力聚焦到大局上，去确定她应该把精力和时间放在哪里。我曾经有一个员工也是如此，她不明白哪项任务应该优先完成。

我建议你始终牢记你的目标和指标，还有需要解决的问题和困难，并定期检查，看看你是否正在解决它们，以及你（这个月，这个星期，今天，这一小时等）正在做的事情，会不会最大限度地推动你前进。为了做到这一点，你可以把镜头拉远，想象一下你在概览自己的工作和角色，就好像你坐在一架直升机上，盘旋在足够高的地方，可以看到过去、现在和未来。这将有助于你更好地决定该关注什么。

参与投标

具有总体模式的潜在购买者需要符合他们标准的宽泛描述。而可以预料的是，具体模式的人则想要了解所有的信息，并要求按顺序列出。技术产品或软件的印刷广告中常常会写入许多具体的权利。这样的广告可以再配上一些专门针对总体模式购买者的信息，只需一个引人注目的图片和寥寥数语即可。

许多公司在投标时，不知道招标团队主要是由具体模式的人还是总体模式的人组成，还是两者都有。为什么要冒险提供过多的信息或不足的信息呢？投标书中必须包含很多细节。审读“总体概述”部分的将会是总体模式的人，他们偶尔会瞟一眼索引，查找他们形成全局概貌所需要的具体信息。具体模式的人和两种模式兼有的人将会需要通过全文来做出决定。

通常情况下，当你向政府机构或大公司投标时，你并不知道那些能拍板的人的语言行为模式。这就是我开发“投标书模板”(Proposal Template) 的原因。这些模板将帮助你在投标书中使用能吸引主要模式的人的文书结构，见附录 3。

你的发言是使人困惑还是难以忍受?

在道格拉斯·亚当斯（Douglas Adams）备受喜爱的古怪科幻小说《银河系漫游指南》(*The Hitchhikers Guide to the Galaxy*) 中，人们向有史以来最大的计算机提出了生命、宇宙，以及一切的问题。经过数个世纪的计算，加上星系哲学家们的许多推测，这台神奇的计算机向期待已久的人们提交了它的答案。答案是：42。是的，当你要求一个具体模式的实体来解决总体模式的问题时，你能期待什么呢？

不过，当你做计划的时候，从主要总体模式过渡到具体模式的步骤，是很重要的。我曾与一位将近 30 岁的男士交谈，他在工作中一直很不开心，甚至到了患抑郁症并请病假的地步。

当我们讨论他的目标是什么及如何实现这些目标时，他发现很难超越诸如“我想快乐地工作”或“我不想独自工作”之类的泛泛之谈。他还会说需要找一份合适的工作，因为他在错误的职业上浪费了太多时间。他给自己施加了巨大的压力，并陷入了困境，因为他一直在努力寻找能够给他动力的任务和环境的本质。

他处于以下几种模式的组合中：被动模式、总体模式、避离模式、选项模式、压力反应的感觉模式。有了这样的组合，他发现自己在兜圈子，因为他在等待和思考（被动模式），思考的又是泛泛之论（选项模式和总体模式），注意到这些想法出了什么问题（避离模式），又感到非常苦恼（感觉模式）。

帮助别人解决这个问题可能需要时间。如果这个人对其现状变得足够厌烦，这将有助于他产生动力去做任何需要做的事情。这是避离模式的动机。我们有时候都会受到这样的刺激，因为厌倦了现状而要改变它。“你是已经受够了现状，要改变形势，还是宁愿等下去，等情况变得更糟？”

趋向模式的方法是与他们合作，从他们生活的不同方面，发现与他们的工作相关的令他们非常有动力和满足感的元素。但要做到这一点，首先要确保他们处于清醒、放松的状态，并且能够集中注意力。这两种方法都需要比我在这里所能提供的更多的信息，但基本上，这个人需要从被动模式、总体模式和选项模式，转向更多的主动模式、具体模式和程序模式。（关于如何做到这一点的更多信息，请参阅第18章）

总体模式极强的人可能会以随机顺序表述事物（矛盾修辞法又是怎样的呢？），因为他们着眼于全局。他们有时不愿费心指明信息之间的联系，因为他们能看到整个关系。

结果，有些人不明白他们在说什么。而处于极强具体模式的人则往往会提供超出大多数人容忍限度的更多的细节。我喜欢在首席财务官们向听众讲话后做主题演讲，因为对大多数听众来说，他们唠叨的琐碎信息太多了。

当你与别人交流时，你怎么知道你的总体模式是否太强了？看看那些在听的人，他们看上去困惑吗？他们是否显示出想从你这里听到更多的东西？你可以问问他们是否需要更多的信息？需要哪部分的信息？注意你得到的回应是很有益的！如果你有太过总体模式的倾向，要准备好回答问题，并问问你自己他们还想知道什么。

表 7.2　信息范围类型总结

问题	这个类别没有问题	
具体模式	更喜欢细节，按顺序处理事情； 难以看清大局	
总体模式	更喜欢概览，注重大局； 能在短时间内处理细节	
在工作情境下的分布	15%主要为具体模式 25%为具体模式与总体模式对等 60%主要为总体模式 （在工作情境下，根据罗杰·贝利的数据）	
有影响力的语言	对具体模式的人	确切地；准确地；具体地；给出许多细节
	对总体模式的人	理解；思考；等待；分析；考虑；大局；本质上；关键是；总体上说

第 8 章

如何读出他人的言下之意?

注意力方向——自我模式与他人模式

注意力方向类别揭示了一个人是否及何时会自动感知和回应他人的肢体语言和声音语调。有两种模式：

自我模式

处于自我模式的人不会表现出很多情绪，尽管他们的确有情感。有时，他们在接受刺激和对刺激做出反应之间会有一段时间间隔。他们根据自己认为合适的情况做出反应。

这些人只信服于人们所说的内容，而不是伴随的语气、肢体语言或关系融洽程度。他们难以建立融洽的关系，因为他们不注意别人的肢体语言，因而会错过许多线索。有这种模式的人根本不会注意到暗示。

他们仅仅根据自己的感受来了解沟通的进展情况。因此，他们往往不善于人际沟通。在工作中，许多自我模式的人会成为某些领域的技术专家，而这些领域并不需要沟通技巧。

他人模式

当处于他人模式时，人们对别人的行为有自动的本能反应。他们（因为自己的模式）非常活泼，以面部表情、身体动作和声调变化来回应他人。他们通过有意识或无意识地观察对方的反应，来了解交流的进展。这些人擅长创造和维护融洽关系，只要他们还有其他合适的模式。

根据罗杰·贝利在工作情境中的研究，你遇到的约每 14 个人中，就有 1 个人会有主要的自我模式，如果这些统计数据也适用于一般人群的话。依我的经验，我相信你会发现更多的人处于他人模式和具体模式之间。

这种模式没法用语言测试，因为其表现为有没有肢体语言或有什么样的肢体语言。为测试注意力方向，我经常故意装出不小心掉了铅笔。具有其他模式的人只要看到掉落或听到掉落声，会自发地弯腰捡起铅笔；自我模式的人则不会。

当我和别人通电话时，我会在一句话当中打个喷嚏，或者咳嗽一声。那么，这个人是会说句“注意身体”之类的话，还是继续谈事好像什么都没发生似的？

下面的线索在对话中也会很明显：

自我模式

◎ 缺乏文化上适当的行为反应，如点头、说“嗯哼”等。

◎ 只对你所说的内容有反应。

◎ 不去“捡铅笔”。

◎ 没有注意到或回应你的声调。

◎ 很少或没有面部表情或声音变化。

他人模式

◎ 对交流的内容和非语言的表达都会做出反应。

◎ 会点头、移动身体、说“啊哈”等，作为回应。

◎ 因行为模式而活泼好动。

譬如说我在对一个有自我模式的人说话，那就算我耷拉着肩膀，噘起下嘴唇，带着抱怨的语气说：“我真的很高兴来到这里。”她或他也会真的认为我在这里很开心。对于这一类人，除非你很明确地说“我生气了，烦了”，否则他们是领会不到你的真实意图的。暗示和讽刺都不能作为一种交流方式。

只有7%的人在工作情境中是自我模式的，可能更多的人都处于中间地带，也就是说，他们有一些自我模式。你掉铅笔的时候就能识别那些人。他们看看铅笔，再看看你，再看看铅笔，然后他们可能最终决定捡起它。这不是自发的，不是本能反应。本能反应的动作是不受自主控制的。有时你也能识别这些中间地带的人，因为尽管他们自己可能不大表现出非语言行为（例如面部表情、手势和声调变化），他们却可能注意到他人的非语言行为并做出反应。这个类别没有词语示例。你只有观察行为，才能识别自我模式或他人模式。

有影响力的语言

既要注意你所建立的融洽关系的程度，也要确保你的提议在逻辑上站得住脚。还记得电视剧《生活大爆炸》(*Big Bang Theory*)里的谢尔顿吗？（Sheldon Lee Cooper，是美国哥伦比亚广播公司推出的情景喜剧《生活大爆炸》中的一个智商极高的物理天才，十分精明又吹毛求疵，不善社交，有很多奇怪的癖好。——译者注）

自我模式

◎ 让交流始终集中于内容上。

◎ 要符合他们的标准、信服渠道和信服方式。

他人模式

他们受关系融洽程度的影响。

对于自我模式的人，没有专门的有影响力的语言。要注意你说话的内容，因为他们要过滤的不是关系。说话要绝对严谨，正确定义你的术语。如果他们还有避离模式的话，那么当你的论点不完全站得住脚的话，他们会把你批驳得体无完肤。把这当作故意针对是没有意义的，这就是他们的处事方式。

不会读空气的工程师

我曾在日内瓦的欧洲原子能研究中心（European Centre for Nuclear Research，CERN）主持过一场沟通与冲突解决研讨会，有一位有着强烈自我模式的工程师参加了这次会议。令其他与会者大为恼火的是，他不停地打断讨论，要求对术语给出更明确的定义。他在过滤所说的内容。

我要求参与者分组做一个练习，体验一些对抗技巧。每个人轮流扮演角色时,应该有一个人观察并给予反馈。当我走进他的小组时，他几乎要哭出来了，因为虽然他知道有一些东西需要观察，但他就是看不出，也体会不到任何东西。我不得不做一些现场指导，帮助他专注于他可能做的事情。

好的主人在客人意识到自己想要什么之前，就知道他们想要什么。当你在别人家里找不到沙拉叉时，主人是否注意到你的窘境，去给你拿一个？自我模式的人是注意不到的，你一定得自己去要。

有人问我，如果一个人处于自我模式，他们在社交场合会不会感到不舒服？一个有自我模式的人如何知道沟通是否顺利？他们会把注意力集中在别人所说的话上，以及自己对这些话的感受上，而不会注意到非语言交流的细微差别，因此他们可能自己觉得很舒服。

然而，他人模式的人能够通过无意识地获取肢体语言线索和倾听声调来评估交流。更可能发生的情况是，他人模式的人在与自我模式的人进行交流时，常常会感到不舒服，因为缺少他们通常获得反馈的非语言反应。

当你与他人模式的人沟通时，你与他们所建立的融洽关系的质量，对他们来说和你们沟通的内容一样重要。处于自我模式的人往往不会注意到你和他们之间的融洽程度，所以你在表达自己的论点或进行解释时，需要绝对严谨。

自我模式的人在要求有能力建立和保持融洽关系的工作中，通常不会取得成功。他们不适合于客户服务工作或应对愤怒的顾客。自我模式的人在需要技术专长的领域往往表现出色。

他人模式的人，只要同时具有压力反应类别的选择模式，就有能力与他人产生共鸣。

消除误解？亲口告诉他最有效

有些人在好几种情境中都是同一种模式，而有些人只在一种情境中是自我模式，到了另一种情境就不是了。有一个学生曾同我谈到过她的丈夫，他似乎从来注意不到正在发生什么事。这位学生觉得总要她来告诉丈夫。如果你太专注于你正在做的事情，比如发短信，以至于注意不到周围发生的事情，那么你就处于自我模式。

在不同的情境中进行测试要比假设一个有自我模式的人总是有这种模式来得更为准确。

如果你在工作中有自我模式，这意味着你更多地关注你自己在做什么，可能不会注意到别人的语气或他们的面部表情，或者即使你注意到了，你也可能误解他们的感受。其他人也容易误解你的意思，因为你一般不使用丰富的表情或语气变化，或给出许多非语言线索。

你喜欢专注于你的工作内容并掌握它。邀请和你有良好关系的同事可能会对你有所助益，请他们亲口告诉你他们的感受，以免你可能错过重要的事情。

自我模式的行为与自闭症的典型行为有所重叠，比如难以用手势、眼神进行交流，面部表情和语调方面很少变化。但这并不意味着处于自我模式的人必然就在自闭症范围内，他们只是处于自我模式。

表 8.1　注意力方向类型总结

问题	这个类别没有问题	
自我模式	关注自己的经验，注意不到非语言行为或声音语调	
他人模式	对非语言行为有自动的本能反应	
在工作情境下的分布	7%为自我模式 93%为他人模式 （在工作情境下，根据罗杰・贝利的数据）	
有影响力的语言	对自我模式的人	专注于谈话内容，要符合他们的标准、信服渠道和信服方式
	对他人模式的人	他们受关系融洽程度的影响

第 9 章

声音越大，越有理

压力反应——感觉模式、选择模式与思考模式

压力反应这一类别考察的是你如何应对在你所处的情境中典型的压力，无论是工作情境还是其他情境。这里说的不是一个人如何应对生活中的重大变故，因为在那种情况下几乎每个人都会有情绪反应。对这些“正常”的压力，人们的反应有以下三种方式：

感觉模式

有感觉模式的人对工作中的正常压力有情绪反应。他们会进入自己的情绪并停留在那里，因此他们很难长时间地应对高压力的工作。在许多其他人看来，他们似乎对情况反应过度或过于敏感。他们非常适合于艺术性或创造性的工作，那些都需要情感来提供动力。如果让他们做销售人员，他们会发现很难处理被客户拒绝的情况，因此可能不会经常去寻找新客户。

选择模式

具有选择模式的人，首先会对工作中的正常压力产生情绪反应，然后在任何特定的情况下，如他们所希望的，或者返回非情绪状态或者不。

这取决于他们自己的选择。因为他们自己也能感受到情绪，他们可以同情他人，也可以选择不同情。如果让他们进行人员管理，他们往往表现得很好，因为他们可以结合工作中个人的一面，又能在必要时让自己保持距离。

思考模式

在特定的情境下，有思考模式的人往往不会对正常的压力情况做出情绪反应。他们在同情他人方面可能有困难，因为他们自己不会进入情绪状态。他们在大多数紧急情况下都不会惊慌，而是保持冷静。他们是高压力工作中可靠的执行者。

问题：

告诉我一种给你带来过麻烦的工作情况。

对于工作以外的情境，只需用其替换“工作情况”即可。比如：“告诉我一个给你带来过麻烦的购买决定。”当你问这个问题的时候，要避免让对方告诉你他们一直都有的一种特殊问题。比如：“每当顾客对我们的服务不满意时，我都会紧张。”要确保此人选择的是他记得的一个具体的麻烦（而不是灾难性的）事情。当他们回顾这件事情时，你要确定的是，他们是进入了一种情绪化状态并困在了里面，还是有情绪反应但从中走了出来，抑或是根本没有情绪反应。

对于压力反应类别，没有特定的语言模式可听。要识别这种模式，你需要观察和倾听非语言线索，即对方举止的变化。这意味着你需要比较对方在你问出压力反应问题之前和之后的非语言行为。

感觉模式

他们在描述困难情况时，在表情、动作和语言上都会有一些情感反应。以下四种或更多的变化是情绪状态变化的标志：

◎ 身体姿势变化。

◎ 面部肌肉紧张。

◎ 眼睛下垂。

◎ 声音会在音质、音调、速度和音量上发生变化。

在整个谈话过程中都会保持情绪化的状态。

选择模式

起初会进入情绪化的状态，然后至少恢复一次。

思考模式

不会进入情绪化的状态。

当你问这个问题时，这个人如果有感觉模式或者他选择谈论一个大灾难的话，他有可能进入一种高度消极或痛苦的情绪状态，出于这个原因，你要确保先问压力反应类别的问题，然后再问工作风格类别和组织方式类别的问题，比如："谈谈你的（作为正面标准的）工作经验。你喜欢其中的什么？"保证不要让对方停留在消极情绪状态是非常重要的。提醒他与他的积极标准相关的情况，将会帮助他转变为更积极的心态。如果他看上去仍然很沮丧，你也可以让他换换座位，来帮助他摆脱消极状态。

有影响力的语言

你可以以一种不同寻常的方式唤醒和激励人们，只要你在那里，并理性地理解这一切。

感觉模式

◎ 让他们对某事感到兴奋，把注意力放在情绪上的词语。

◎ 强烈的；令人兴奋的；令人难以置信的；非凡的；这真奇妙；令人惊奇的；等等。

选择模式

说话时的用词要表明你能进入一种情绪状态，也能出来（比如："你可以对此感到兴奋，然后意识到这也很有意义。"）。

思考模式

◎ 展现逻辑事实。

◎ 冰冷的现实；铁的事实；清晰的思路；统计数据。

工作让你更有压力，还是更有动力？

关注压力反应是非常有用的，因为拥有这些模式中的任何一种的人，都有不同的能力来应对有压力的工作情况。例如，思考模式的人最适合于做航空公司飞行员或空中交通管制员。

还记得2009年将全美航空公司1549号航班迫降在哈得孙河（Hudson River）上的萨伦伯格（Sullenberger）机长吗？你能想象假如一个高度感觉模式的机长处于同样状态下，会发生什么情况吗？我曾培训过的一批空中交通管制员告诉我，你通常很容易判断你旁边的人是否险些发生过严重事故，因为他们的热能很明显就要喷涌而出了。

如果融洽的关系和同理心在一份工作中很重要，那么选择模式就是最理想的模式。有选择模式的人会有感情，如果合适的话，也可以从情绪状态中走出来，看看情况或采取行动。当你自己经常体验情绪时，你也会更容易地意识到别人也有情绪。

如果哈利（Harry）对莎莉（Sally）的感受的回应仍然停留在分析、思考的层面上，他可能不会承认莎莉的感受对她很重要，甚至不会同情那些感受。那最后他恐怕不会得到她所拥有的！（哈利和莎莉是1989年上映的美国爱情喜剧片《当哈利遇到莎莉》的男女主人公。

这部影片讲述了俩人从最初不欢而散到后来成为朋友，最终认识到彼此感情的故事。——译者注）

很多从事艺术工作的人都有感觉模式，因为艺术经常是情感和情绪的表达。我发现许多高级餐厅（尤其是在欧洲），员工的主要活动不是服务客户，而是努力让厨师高兴。许多厨师都是极其情绪化的人，如果他们因为什么事失去理智，那一切就都乱套了。

在销售职位上，感觉模式的人如果遇到潜在客户的拒绝，可能变得意志消沉，因为他们会把这当成是在针对自己。这意味着他们在这样的工作中会经常感受到压力，甚至很容易受到我的一位朋友所说的“无能力攻击”（Incompetency Attacks）。

无能力攻击与一个人真正的能力水平无关，这个人的能力水平有可能是优秀的。这是一种对自己无能的强烈的、基于情绪的信念，它经常在那种情境下被有感觉模式的人感受到。因此，当我在给别人做职业发展指导时，我会密切关注这个模式，因为它表明这个人能承受多大的压力。

还有一些其他的问题需要考虑。高度感觉模式的人虽然容易因压力而痛苦，但他们也需要激情和热情。如果一个人在某种情境中既有感觉模式又有选择模式，他就会对开发替代方案充满热情，这两种模式能形成一种极富创造性的组合。

从情绪中脱离出来

在柏林，我参加了一个关于整合促进（用禅宗方法运营团体）的研讨班，结果一不小心把它搞砸了。研讨班的主持人是美国人，参会者来自许多国家。主持人希望我们学习如何使用这种方法。在一个小组中，我们以德国移民为例讨论了有争议的问题。

我觉得这个小组的人彼此过于友好和随和，就想看看到底有什么处理不同意见的整合方法，于是我大声说道："我认为我们应当把所有移民都赶出去，并且把门关上。"主持人并没有真正把这种观点整合到讨论中，而是最终把它另行阐释为一种重新审视我们如何整合移民的需要。我不打算争论了，却另有一位与会者决定支持我，坚持认为我的观点没有得到尊重。当我们回到大班时，她以我的观点被忽视为事实，顶撞了主持人。当主持人试图回答她的问题时，她起身离开了房间，这显然让主持人很沮丧。

当我们午饭后回来时，主持人把那位女士叫到一边，当着所有人的面，对她吼叫了很久。另有一人试图上前解释，主持人却叫她闭嘴。我等了等，看到情况显然在恶化，便介入调解了。我不得不提高嗓音来引起主持人的注意，并使他们都能听到我的声音。我做了一个各方都能接受的分歧总结，事态才最终平息。

那天晚上我意识到，虽然我让她们俩都冷静了下来，我自己却因为所发生的事心烦意乱起来。第二天，主持人解释说，她的反应是因为一个久远的负面情绪热键被按下了，然而我说我仍然对她的失控和虐待与会者感到气恼。我觉得她的反应对于一个专业主持人来说是完全不可接受的，尤其她还是一个要示范禅宗方法的人。我花了好几天的时间来处理我自己的感觉模式。

如果你容易情绪失控，你又想更好地管理情绪，那么第一，要认识到你典型的负面情绪热键是什么。第二,要注意你当时的反应(是的，你能做到)。第三，如果可能的话，在不引人注意的情况下离开现场,以便做能让你冷静下来的事情。还有第四点,如果你无法离开,那就做做深呼吸，面带微笑。因为你知道自己可以在情绪上做好准备时，再来处理这种情况。

最近，我给自己定了一个目标：要做一个更好的人。办法是凡事在做出反应之前，先去对方的“汽车站”，尤其要对我丈夫、家人和某些同事如此。(你懂的，照我说的去做吧！)上述过程帮助我做到了这一点。

根据罗杰·贝利的研究，大多数人(70%)在工作情境中都有选择模式。这意味着当遇到麻烦或困难情况时，他们首先会有情绪上的反应。作为一名管理者，你可以先帮助他们从情绪中脱离出来，如果合适的话，再帮助他们改变观点。

有几种方法可以做到这一点。你可以改变时间，问他们:“你能想象两年后我们会怎么看待这种情况吗?”你可以让他们从别人的角度看问题:“我认为我们的客户不会太在意这个。”或者，你也可以让他们从外部观看整个事情:“假如你是墙上的一只苍蝇，当这件事情发生时，你会注意到什么?”

和感觉模式的人在一起，你恐怕必须磨炼解决冲突和斡旋调解的技巧。为了让他们保持动力,要给他们安排些让他们感兴趣的任务。在他们工作时，要注意他们是否有不堪压力和过度紧张的迹象。这些人最有可能患上与压力有关的疾病，因为他们比其他模式的人更容易感受到压力。

感觉模式的人可能会反应过度，尤其是在紧张或冲突的情况下。让他们学习如何镇定或冷静下来，将是有益的。我猜特朗普是个感觉模式的人，因为当他受到其他名人的批评或蔑视时，他往往会立刻通过自己的推特账号发起攻击，从来没听说他有过“随他去”的时候。

当遇到一名员工极其强烈的反应时，你可以通过把你的声调提高到几乎和他一样的水平，同时说一些积极或令人惊讶的话来营造融洽的气氛：“你生气了，我很难过，我都快气疯了！”说这样的话会引起他的注意，这样你就可以把他的能量引导到正道上去了。

有思考模式的人在需要头脑冷静的领域很受欢迎。这些人已经花了很多时间脱离自己的感觉，当需要理性方法时，就用得着他们了。然而，可别指望他们与正闹情绪的人建立和睦气氛，因为他们不太可能感同身受。不过，思考模式的人，尤其是同时具备内部模式的时候，他们往往耐得住热，能长久待在厨房里。

创伤后应激障碍也有传染性

《科学美国人》杂志上有一篇文章讨论了一项研究：10%～20%治疗创伤后应激障碍（Post-Traumatic Stress Disorder，PTSD）患者的治疗师，如何在没有直接接触创伤性事件的情况下，产生了PTSD的症状，包括噩梦、闪回和幻象等。但并不是所有的治疗人员（或家庭成员和护理人员）都有这个问题。这篇文章引用的一项研究发现，治疗人员和家庭成员如果表现出更多的情绪同理心，则更容易在随访时经历二次创伤。

如果我们像丹尼尔·戈德曼（Daniel Goldman）那样定义情绪同理心，“在身体上和别人一起感受，就好像他们的情绪是可以传染的”，那么情绪同理心本质的语言行为模式是什么呢？

可能有外部模式（开放，让创伤后应激障碍患者的信息进入）、避离模式（注意什么是错误的）、他人模式（关注他人的非语言交流）、压力反应类的感觉模式（陷入消极的情绪状态并停留其中）、对人模式（优先考虑人、关系和情感），还有信服渠道的视觉模式（在变得信服时通过视觉渠道输入信息）。有了这些模式的组合，一个人就没有了自己和他人之间的界限，就很容易被“感染”了。

这将是一个很好的研究课题。你能预测有这些语言行为模式组合的治疗人员，是否更有可能患上二次创伤后应激障碍吗？如果是这样，就可以开发专门针对他们的流程，来防治创伤后应激障碍了。好消息是，治疗创伤后应激障碍的更有效的新方案已经开发出来，并在我写这篇文章时得到了验证，其中一个叫作RTM（Reconsolidation of Traumatic Memories，重新整合创伤记忆）的方案疗效惊人，在2周、6周和12个月的随访中，有超过90%的美国退伍军人没有了相关症状和诊断，而他们只经历了5个或更少的疗程。

情绪化的表达很可能只是口头习惯

使用高度情绪化的词语，并不一定是感觉模式的标志。有些文化将夸张和极端的用词作为通常的说话方式，而另一些文化则尽量避免使用这样的词语。

例如，我怀疑对英语形容词最高级的使用是美国文化和加拿大英语地区文化的区别之一。你可能已经注意到了，与英语世界的其他文化相比，美国人偏爱使用极端的词汇，从“彻底的灾难”，到“惊人的美妙”不一而足。法国人和魁北克人也倾向于这样做（图 9.1）。

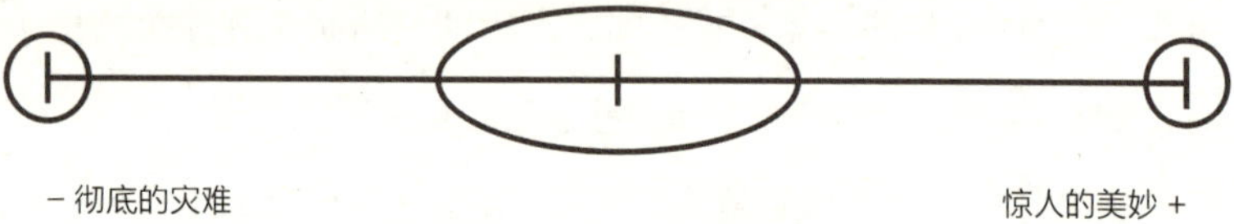

图 9.1　美国人的用词分布

英裔加拿大人（以我的经验，还有魁北克以外的法裔加拿大人）在选择用词的时候，倾向于徘徊在中间，在一个从爱说“很糟”到爱说“很好”的范围内（图 9.2）。

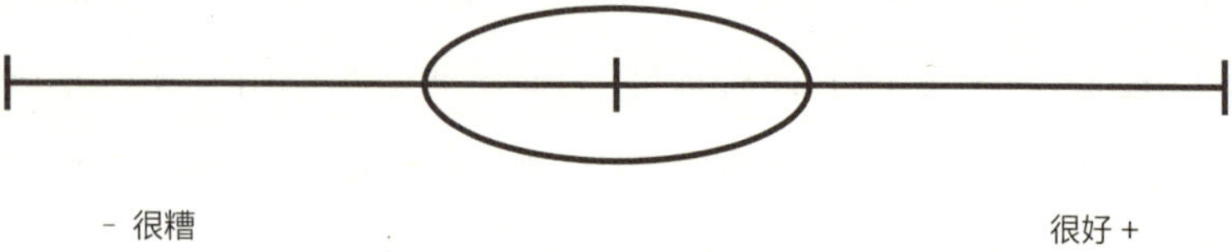

图 9.2　英裔加拿大人的用词分布

我曾听美国人说过，让英裔加拿大人对某事兴奋起来有多么难。我给加拿大人的建议是，在听美国人描述某事时，应当运用一下巨蟒剧团（Monty Python）的经验法则：不管他们说的是什么，在程度上都除以 10。相比之下，英国人（尤其是上层社会）的语言范围似乎小得多：从负面的“不好”，到正面的“不坏”。

要想使用压力反应影响语言来影响别人，你还需注意选择一种适合其文化的语言。

表 9.1 压力反应类型总结

<table>
<tr><td>问题</td><td colspan="2">告诉我一个曾给你带来麻烦的（工作情况）</td></tr>
<tr><td>感觉模式</td><td colspan="2">会对“正常”水平的压力产生情绪反应，停留在情绪状态中</td></tr>
<tr><td>选择模式</td><td colspan="2">可以自由地进出情绪状态，容易与他人产生共鸣</td></tr>
<tr><td>思考模式</td><td colspan="2">在正常水平的压力下不会产生情绪反应，不善于对他人产生和表达同理心。在高压力的工作中能够保持冷静</td></tr>
<tr><td>在工作情境下的分布</td><td colspan="2">15%为感觉模式
70%为选择模式
15%为思考模式
（在工作情境下，根据罗杰·贝利的数据）</td></tr>
<tr><td rowspan="3">有影响力的语言</td><td>对感觉模式的人</td><td>强烈的；令人兴奋的；令人难以置信的；美妙的</td></tr>
<tr><td>对选择模式的人</td><td>感同身受；适当的；很有道理，感觉也不错</td></tr>
<tr><td>对思考模式的人</td><td>清晰的思路；逻辑；理性；冰冷的现实；铁的事实；统计数据</td></tr>
</table>

第 10 章

开放办公室真的适合你吗?

工作风格——独立模式、接近模式与合作模式

无论你是想和别人分担工作，在别人的参与下自己工作，还是独自工作，了解工作风格模式能让你发现（或确认）你如何才能做到最好。特别是在工作环境中，许多人都有不止一种模式，而是有主要的和次要的风格。和其他类别一样，你的语言行为模式风格倾向会根据不同情境发生变化。下面是三种主要模式：

独立模式

具有独立模式的人希望独自工作，承担全部责任。如果周围有其他人，或者必须有人和他们分担责任，他们的生产效率就会受到影响。如果被打断，他们可能会失去思路。他们喜欢关着办公室的门工作。在极端情况下，他们会忘记与他人协商（尤其当他们是内部模式的人时）。他们可以独自工作很长时间而不想与他人接触。

这种模式的人很可能会写出“把一匹马的设计交给一个委员会，出来的结果会是一匹骆驼”这种句子。作为管理者，一个独立模式的人会自己做大部分工作，不大容易与他人建立起融洽关系。

接近模式

接近模式的人希望有明确的责任范围，但也需要有其他人参与或在周围接近他们。他们需要明确的责任；而为了保持高效和动力，他们的任务又必须让其他人参与。如果其他人与他们分担责任和权力，或者他们必须独自工作，他们的生产效率就会下降。

在这三种模式中，接近模式的人最适合人员管理和项目管理职位。他们会确保每个人都明白自己的责任。接近模式的人无论是做老板，还是被人领导，都会干得很出色，因为当他们的职责范围规定得很清楚时，他们的工作效率最高。

合作模式

具有合作模式的人希望与他人一起工作并共同承担责任。他们相信 2+2=5、整体大于局部之和，以及协同原理（Synergy Principle）。如果他们不得不独自工作，他们可能会连在截止日期前完成任务都有困难。他们不需要个人分工负责的领域，作为管理者，他们所有的事情都想和员工一起做。

合作模式并不一定意味着这个人善于合作，像通常意义上人们对这个词的理解那样，他们只是需要和别人一起做事。我的大儿子贾森五岁左右时，曾经花了一个小时用乐高积木搭了一条船。那时我的小儿子萨姆大约两岁半，从午睡中醒来后把船踢得粉碎。贾森很生气，但在萨姆看来，贾森没有等他就独自搭了积木，对他来说是不能忍受的，因为他通常不会自己出去玩。他有时会在玩耍时捣乱，但都需要有人在身边陪着。

问题：

向我讲述一次最能代表你工作准则的经历。

等着他们回答。

你喜欢这段经历里的哪个部分？

对于工作以外的情境，你可以径直将情境插入问题中，比如："告诉我你在这样一段关系中的经历……"

确保你分析的人举出了符合他们工作准则的具体例子。如果对于你所讨论的情境他们有许多准则，那么只需使用一个准则。有些人可能从未有过符合他们所有准则的经历。

想分清对方所属的模式，就要仔细听对方在说什么。记下第一个问题的答案，然后问第二个问题。这个人是在谈论独自做某事、与周围的人分工负责做某事，还是和别人一起做某事？注意：第一个问题的答案对于检测工作风格类别中的模式是十分重要的。

备选问题：

如果不打电话也不见别人，你能一个人在办公室里工作多久？

独立模式

◎ 会提及：我、我做了、我自己、我的责任等字眼。

◎ 不会谈及或提及其他人。

◎ 认为活动理所当然是他们自己做的。

接近模式

◎ 也有其他人在场，但事情是“我做的”。

◎ 可能提及他人也可能不提及，但是讲述的活动性质决定了需要他人在场（比如销售或教导）。

合作模式

◎ 会说：我们、我们的工作、我们一起等。

◎ 包括他人并且共同承担责任。

正面看看如何问上述问题：

作者：莎拉，你的工作准则是什么？

莎拉：挑战。

作者：那么你能告诉我一种有挑战性的工作情况吗？

莎拉：比如说，我需要找到方法，衡量某一特定群体的人的表现是否达到了他们应该达到的水平。如果群体的表现不够好，我必须明确谁该负责，该如何处理。我必须在不同的部门征集意见，而挑战就是找到解决方案。

作者：你喜欢这种情况下的哪一点？

莎拉：我运用了创造力，这是一种激励，也是一种挑战。

在莎拉选择提及的例子中，我们知道有其他人参与，所以她不可能是独立模式。莎拉说“我”，并且清楚地表明她知道谁在承担什么责任，这表明她是接近模式的人。

有影响力的语言

你可以自己寻找有影响力的语言，然后用于对方，这样你们就能很好地相处和合作了（表 10.1）。

表 10.1　不同类型的典型语言

类型	典型语言
独立模式	“我设计了新软件并且排除了所有故障。”
独立和接近模式	“我设计了新软件，然后和我的团队一起排除了所有故障。”
接近模式	“我和我的团队一起设计了新软件。”
接近和合作模式	“我和我的团队一起设计了新软件，然后我们一起排除了所有故障。”
合作模式	“我们设计了新软件并排除了所有故障，这是团队共同努力的出色成果。”
独立和合作模式	“我设计了新软件，然后我们全都坐下来，一起排除了所有故障。”

独立模式

独自做；自己干；你一个人；不中断；你将负全部责任并拥有全权；关上你的门，把你的来电转到别的地方去。

接近模式

你来负责；其他人会参与其中，但这个项目是你的；你来指导；领导；你的职责是X，他们的职责是Y。

合作模式

我们；一起；我们全体；团队；群体；共同承担责任；一起来做；在这件事上，你不是一个人在战斗；让我们……；我们可以这样做。

既有能单打独斗的员工，也有能协同合作的团队

许多管理职位和专业职位在招聘启事里写着要“有团队精神”的人，但这究竟意味着什么呢？大多数管理职位都需要善于用人、能协调活动并为团队建立愿景的人。这些活动需要大量的接近模式并结合少许的合作模式。

要了解一个职位需要什么，可以看看这个职位的活动和每个活动所花时间的比例。

哪种活动是需要独来独往者做的，哪些活动需要与其他相关人员一起对结果负责，哪些活动需要同时协作以实现目标？如果这份

工作要求应聘者在这三方面都有很高的水准，那么你不太可能找到一个理想的候选人，这个职位恐怕也需要重新定义。

许多年前，我曾在加拿大一个全国青年发展组织担任人力资源主任助理，负责的地区包括曼尼托巴省（Manitoba）、萨斯卡彻温省（Saskatchewan）、阿尔伯塔省（Alberta）和西北地区。在工作中，我的老板主要倾向合作模式，而我则倾向接近模式和独立模式。她让我们一起决定一切，而我只想要我自己的项目。我需要一个领域，一个我可以负责的领域。她对我们的工作关系非常满意，而我却很沮丧。

在工作中主要倾向独立模式的人需要自己的空间和时间。他们也能在那些需要有人独自坚持的环境表现突出，哪怕周围一片混乱。他们可以长时间地集中注意力，把周围的活动排除在外。如果工作要求持续沟通和创造共识，他们的表现就不会很好。想想你认识的人中，有没有需要私人空间、没有噪声，才能集中精力的人？

由于大约60%的人在工作中都主要是接近模式，所以大多数工作都划分好了给人们自己的地盘，同时又需要与他人互动。如果任务的分配是由一个合作模式的人策划的，那就会很少提及个人责任，会让许多员工感到困惑和沮丧。我怀疑以“开放”概念设计办公室这种想法，就是由合作模式的人提出的。一些公司还尝试了“虚拟办公室”的概念，不为公司员工指定工位，员工只需根据自己工作的性质，选择一处空间办公。但大多数人如果没有自己的实体空间，都无法高效工作（当然，数字游民除外）。

假如让一个独立模式的人参与工作设计，他很可能会忽略为人们如何互动和沟通做出规定。这对程序员来说很合适，因为他们在大多数情况下都需要独自编写代码。这可能导致在个人和部门之间出现“左手不知道右手在做什么”的情况，这种问题在许多组织中都很常见。对于需要与同事协商的职位，采用隔板较低的隔间，使人们相互能对上目光，将更为有效。

英国 GUS 公司（Great Universal Shopping）是一家大型目录零售商，曾请我帮助他们招聘和留住呼叫中心的员工。他们的员工大部分是女性，而且都是兼职的。工作内容就是按照自动生成的文本，打电话给客户确认订单，再劝说客户购买更多或更贵的东西。我需要观察他们的工作，为他们的优秀员工建模。当我走进呼叫中心时，看到有数百人在他们的办公桌前工作，有趣的是，大多数人都注意到了我（他们抬起头，用眼光向我打招呼或者挥挥手），带着一种好奇的神情。呼叫中心的隔间设计得足够低,这样每个人都能看到外面。这有利于他们想要的工作风格：接近模式！

如何建立工作空间和工作氛围，才能让员工感觉良好并让他们提高效率呢？

你家里的室内布局是怎样的？是开放空间（合作模式）、按功能分区（接近模式），还是分割出了很多能够保留隐私的房间（独立模式），抑或是不同模式的组合？

如果室内布局的“风格”不正确，难得的假期反而会给家庭成员带来压力。你是想独自一人，然后每个家庭成员都各自发挥作用，分别做出贡献（父母和孩子—组织者—组织—接近模式），还是始终聚在一起（合作模式）？我曾经在家庭度假情境中为一位男士做过语言行为模式，他是独立模式。想象一下他家人的反应吧！

孤独是一种流行病

即使是在社交场合周围有人的情况下，越来越多的人也像病人依赖医疗设备一样依赖自己的手机和平板电脑。在家里、图书馆或咖啡厅独自工作的人也越来越多。许多老年人独自生活，日常很少接触他人。还有许多年轻人把生活的大部分时间花在网上，不愿“下线”来打理他们的现实生活。（“下线”这个词怎么就有了回到现实中的意思呢？）

这些例子里的人都非常像是处于独立模式。独自一人发短信、打电话、看节目、玩游戏，从不和别人在一起。一位男士告诉我，他在一家咖啡厅工作时，花了30多分钟才鼓起勇气向身边的一位女士搭讪。美国的一项全国性调查发现，近一半的美国人都感到孤独或被冷落，只有53%的人表示与他人存在有意义的交谈。而Z世代（于1996—2012年出生的人）是最孤独的一代人，健康状况也最差。

即使这些统计数字只是部分正确，孤独也已成为一种将对全世界健康事业产生巨大影响的流行病。在工作中，只有20%的人有独立模式。我不确定在其他情境的情况如何，但我们知道，环境会影响我们的工作效率，而且很显然也会影响我们的幸福。我们需要更多这样的社区：人们可以一起（合作模式）或者“相互配合”（接近模式）地生活、工作和娱乐。

在一次演讲中，我看到活动的赞助商中有来自加拿大的一个全国性机构，他们专门提供老年公寓和护理设施。他们的代表提到，当我们都知道奶奶、爷爷能和其他老年人一起，在一个有许多有趣的人和活动的关怀社区欢度晚年时，却对奶奶说，她最好独立自主，生活在自己的房子里。事实是为老年人提供社区补贴，将是降低其医疗成本、提高其生活质量的好办法。

表 10.2 工作风格类型总结

<table>
<tr><td>问题</td><td colspan="2">告诉我一次最符合你标准的工作经历，你喜欢这段经历里的哪个部分</td></tr>
<tr><td>独立模式</td><td colspan="2">喜欢独自工作并承担全部责任</td></tr>
<tr><td>接近模式</td><td colspan="2">喜欢有自己的地盘，但又要周围有人</td></tr>
<tr><td>合作模式</td><td colspan="2">与他人共同承担责任时更有效率</td></tr>
<tr><td>在工作情境下的分布</td><td colspan="2">20%为独立模式
60%为接近模式
20%为合作模式
（在工作情境下，根据罗杰・贝利的数据）</td></tr>
<tr><td rowspan="3">有影响力的语言</td><td>对独立模式的人</td><td>你得自己干；你一个人；负全部责任</td></tr>
<tr><td>对接近模式的人</td><td>你将负责；有别人在你身边一起干，你来指挥；领导</td></tr>
<tr><td>对合作模式的人</td><td>我们；咱们；在一起；共同承担责任；让我们；一起干</td></tr>
</table>

第11章

你的客户是重过程，还是重结果？

组织方式——对人模式与对事模式

组织方式类别是关于人们如何组织其工作，或者关注完成工作，或者关注人和感觉。这个类别有两种模式：

对人模式

对人模式的人，既注重自己也注重他人的感受和想法。他们非常看重与人的关系和经验，以至于会让这些关系和经验成为任务本身。他们会组织和他人的工作，以便关注人和他们的感受，善于建立融洽的关系。

对事模式

对事模式的人专注于产品、理念、工具、任务和体系（事）。他们可能把人和想法视为物体，认为情绪在工作的世界里没有位置。他们想要把事办成，并且有很强的任务取向。

问题：

告诉我一种（符合他们的标准的）工作经历。

等着他们回答。

你喜欢这段经历里的哪个部分？

当你提出以下问题时，你将同时接收到工作风格类别和组织方式类别的信息。对于组织方式类别，尤其要注意第二个问题的答案。

对人模式

◎ 谈论人、情感、感觉。

◎ 会说出人的名字，使用人称代词。

◎ 人是他们句子的宾语。

对事模式

◎ 谈论流程、体系、工具、理念、任务、目标和结果。

◎ 不会经常提到人，除非使用人称代词（比如“他们”“你们”）。

◎ 人变成物体，成为流程的一部分。

有一个测试问题可以让你在不能确定对方模式的时候进行验证：

“想象一下，你正在争分夺秒，想要在30分钟内完成一件非常重要的工作。这时你真正喜欢且尊重的一位同事走了进来，神情很沮丧，想和你谈谈他的个人危机。你会怎么办？”

这个人可能选择完成任务（对事模式），也可能放下一切安慰来人（对人模式），也可能在两者之间犹豫（对人模式与对事模式相当）。你还可以问这个人：“跟我说说你在工作中觉得很完美的一天。”这个人会跟你谈论任务和事情，或者会谈论人和感受。下面还有一个对人模式和对事模式相当的例子：

作者：西蒙，你帮那个人解决问题，那件事怎么样了？

西蒙娜：问题解决了。那个人很重要。

评述：西蒙对问题的解决和那个人都很在意。

当你请别人谈论一个符合他们标准的工作情形，然后问他们喜欢其中的什么，他们通常会透露对他们来说最重要的要素。除非你的受访者也了解语言行为模式，知道你想听什么。“天真”的实验对象才会给出他们的模式（表 11.1）。

表 11.1　不同类型的典型语言

类型	典型语言
对人模式	“里克勒先生狂赞我的报告。我对报告也很满意。”
主要是对人模式	“里克勒先生狂赞我的报告。我也很高兴，因为这意味着整个公司的一个重大突破。”

（续表）

类型	典型语言
对人模式和对事模式对等	“里克勒先生狂赞我的报告。这对公司来说是一个重大突破。”
主要是对事模式	“我的报告对公司来说是一个很大的突破。我的老板也喜欢它。”
对事模式	“我的报告对公司来说是一个很大的突破。”

有影响力的语言

请体验一下，仅仅是使用正确的语言，就能帮助你实现你的目标，这感觉有多么棒。

对人模式

称呼别人的名字；感受；想法；经验；这感觉很好；对你来说；对别人来说；人们；我们的团队；咱们这些人。

对事模式

事情；体系；目的；任务；目标；流程；完成工作；专注于手头的工作；宗旨；结果。

把顾客当作“物品”

具有对人模式并不表示你是一个“好人”还是“坏人”。例如，如果一个人的工作就包含了欺骗他人的内容，他们就可能会全神贯注于别人的情绪。他们会编织别人的情感，以结成他们的网罗。

在高端餐饮场所，经理基本上把所有的顾客都当成物品对待，把他们放到座位上，同时招呼服务。但他的工作是确保这些“物品”愉快。在我看来，这种模式最好的例子就是在商用飞机上。空乘人员推着推车沿着过道往前走，你可以看到他们相互间进行着真正的交谈。他们在聊：“你知道吗？我还听说他……”然后，他们扮出笑脸，俯身对一个相对静止的“物品”说：“你愿意来杯咖啡吗？”你得到了咖啡，他们就又可以回到他们的密谈了。

政客们有时也把人当作物品。他们谈论选民。选民是什么？就是你和我——老百姓。但对一些人来说，它就是一个物品，一个东西，在社交媒体上被跟踪和操纵，就像在2016年的美国总统选举中，剑桥分析公司（Cambridge Analytica）使用脸书的数据来确定相关人员的个性，从而炮制出大量信息，操纵选民支持或疏远某个候选人。

金融银行业通常也把他们的客户当东西称呼，用“钱包占有率”（Wallet Share）或“钱包份额”（Share of Wallet，SOW）等术语来谈论他们拥有的客户业务有多少。

与人共事，先划清界限

有些职位是有组织地专注于完成特定的任务，需要主要是对事模式的员工。然而，招聘人员正越来越倾向于寻找在此之上也足够关心他人和他人的感受，能够进行沟通，建立融洽的关系，解决冲突的人。

有些职位需要主要为对人模式的员工，客服和接待就是很好的例子。其员工还需要有外部模式，因为他们必须将客户的感觉放在首位。我曾为一家法国培训公司工作，与我共事的一位行政人员有强烈的对人模式。她很喜欢我，当我要她做什么事时，她总是放下手头的事情，马上来听我说。我经常不得不告诉她事情并不紧急，可以在下周完成。当她不喜欢某些人时，她不会马上去办他们的事，但依然会关心他们的感受。

对人模式的销售人员很可能对工作欲罢不能。他们在与潜在客户交流时会感到很愉快，不想因为专注于手头的任务而结束交流。对人模式的管理者召开的会议可能长时间地偏离主题，讨论起个人纠纷的故事："这让我想起了有一次……"对事模式的管理者有时会意识不到别人的感受，可能会让别人感到受伤或尴尬，然后他们又会说："工作中没有感情的位置。"

在非正式的社交场合，你很容易就能看出对人模式的人。当你想离开时，他们仍会跟你说个没完。有时他们不愿意中断融洽的交谈，结束你的访问。许多人选择做培训或服务工作，是因为他们关心人们的感受。有时他们会忘记自己的任务是帮助别人独立，然后继续自己的下一件业务。当他们有高度的对人模式时，他们会有过于关注客户的情绪，并可能因此而心力交瘁，特别是如果他们也有避离模式和压力反应的感觉模式的话，而这种情况是很多人都有的。

为了他们自己的长远利益，这些专业人士需要在他们和客户之间划清界限，在不忽视客户的感受的基础上，他们有必要更多地关注手头的任务。

如何平衡工作与人情?

有些人对我说:“这个材料对我来说太陌生了，我感觉不舒服。”由于我更倾向关注手头的任务，我的内心反应通常是这样的:“支付你薪水是为了让你感觉舒服吗?”然而,作为专业人士,我通常会回答:“你知道，不舒服是一种有趣的感觉，因为它是你进步的标志。如果你正在尝试一些你不习惯的新事物，你很可能会感到不舒服。你同意吗?”因为我主要是对事模式，在我的心目中，让人们感到自在是实现学习目标的一种手段。

决定领导和管理风格特点的，通常就是对任务或人际关系的关注程度，以及何时更侧重其中一方面。这些风格有不同的称谓，如权威风格、咨询风格、教练风格等。你可以在对人模式和对事模式之间找到对应任何管理风格的位置。

身处在以男性为主的工作环境中，对女性来说仍然很艰难。女性往往被视为过于情绪化。当某些人听到很多对人模式的语言，看到对人模式的行为，尤其是当这些语言和行为来自女性时，他们会认为女性的想法太过软弱而对其不屑一顾。

另一方面，当女性使用主要对事模式的语言时，虽然这样的话听上去似乎更可信，但往往又被视为“太过强硬”。想求得平衡实在是很难，这就是我针对女性领导者和经理人开发高级商业影响力项目的原因。

对人模式的人和对事模式的人之间，甚至在很简单的事情上都会发生沟通失误。我有很多这样的例子，我在巴黎参加一次课程时，曾和一位朋友共进午餐。当我讲起一件有些趣味的灾难事件时，苏珊娜打断了我的话，问道："你感觉如何？"

"我想，还好吧。"我回答说，接着又说了一连串其他人的倒霉事。她对有趣的事情没有反应，而是问道："他们感觉如何呢？"

"我不知道他们感觉如何，"我说，并且开始有点恼火了，"但这就是他们做的事。"我们继续各说各话。"那对你来说一定很困难。""是的，我想是的，但后来发生的事情是……"

还有一次，一位朋友讲述了她丈夫让她给他和新车拍照的事。拍完后她的丈夫很失望，因为照片上看不见那辆车，她是以丈夫作为中心焦点拍的照。你能猜出这些情况下每个人的模式吗？

把体验作为礼物

对人模式的人们会为了体验而买东西。染发和其他个人产品及服务都是这样销售的。"你值得拥有"是欧莱雅的广告词。物质上比较富足的人可能更喜欢把体验作为礼物。我的侄女曾送给我们一次家庭烹饪课做礼物。我们七个人选了一份菜单，花了一个晚上跟专业厨师学做菜。当然，做好了一起吃！

要把产品卖给对事模式的买主，就要把他们的注意力集中到产品或服务的好处上。

想一想你生活中那些非最新款设备不可的技术爱好者们。当我的业务伙伴安德烈亚斯·普利宁格（Andreas Plienegger）和我为销售平台开发数字语言行为模式时，安德烈亚斯意识到有一个更好的方法可用于谈论销售中的对人模式和对事模式，就是询问潜在客户的“影响偏好”（Impact Preference），然后倾听对方是谈论人还是事。

你的网站、产品、服务甚至名片的设计，都应该反映出你的目标市场是更倾向于对人模式还是对事模式。

如果你的市场是一个充满爱心、乐于分享的群体，那么你可以选择不规则甚至有些古怪的字体，以及圆形、温和的图形。相反，如果你的市场需要的只是事实，你需要使用无衬线的常规字体和更多的方形图案。你的名片是什么样的呢？

表 11.2　组织方式类型总结

问题	告诉我一次（符合你标准）的工作经历。你喜欢这段经历里的哪个部分	
对人模式	专注于感觉、想法和人际关系，这些都变成了任务	
对事模式	专注于任务、体系、理念、工具、事情，完成工作是最重要的事情	
在工作情境下的分布	15%主要为对人模式 30%为对人模式与对事模式对等 55%主要为对事模式 （在工作情境下，根据罗杰·贝利的数据）	
有影响力的语言	对对人模式的人	称呼别人的名字；感受；想法；感觉良好；人们喜欢
	对对事模式的人	事情；体系；事情是这样的；我们的目标是；流程；任务

第 12 章

中层管理者的价值

规则结构——我 / 我模式、我 /。模式、无 / 我模式与我 / 你模式

规则结构会向你提供关于管理自己和他人的能力或意愿的信息。这个类别有 4 种模式：

我 / 我模式

我 / 我模式的人在特定情境中有适用于自己和他人的规则。他们愿意将自己的规则传达给他人。因为他们相信人都是相似的，所以他们认为对自己好的东西也适合别人。他们会说："如果我是你，我就会……"大多数人在工作中都有这种模式，在其他情境中也可能有。

我 /。模式

我 /。(句号)模式的人有自己的规则，不关心别人。他们不一

定对他人怀有恶意，只不过他人不是他们的问题，不在他们关心的范围内。这些人经常只是完成他们自己需要做的事情,而不顾及他人。有时他们会被别人认为自私，因为他们根本不考虑其他任何人。

我在巴黎的公寓里居住时，经常在半夜被外面开车的人吵醒，我认为那些人就是这种模式。他们会在凌晨两点的时候，在一个居民区里大声按喇叭，而周围有好几百人在睡觉。

无 / 我模式

无 / 我模式的人不知道针对自己的准则或者根本没有为自己制定准则，然而一旦告诉了他们规则，他们又很愿意把规则传达给别人。因此，他们可能很难对自己提出指导或自己做出决定。相反，他们可能陷入困境，茫然不知所措。

我 / 你模式

我 / 你模式的人知道在工作中应该遵守的规则和政策，但不愿或不能与他人沟通这些规则。他们信奉“萝卜青菜各有所爱”的观念。由于他们相信人各自不同，他们认为对别人说应该做什么是傲慢的。因此，其他人往往不清楚他们的期望。这些人能够理解争论双方的观点，不过我们中坚守立场的人会觉得他们很烦人。

你需要问下面这两个问题，并注意对方是两个问题都回答还是只回答一个：

问题：

对你来说，什么样的方法能够让你在工作中更成功？

对别人来说，什么样的方法能够让他们在工作中更成功？

要识别这些模式，你需要比较这些问题的答案。

当有人不知道如何作答时，他们会犹豫并以询问的语气回答。

我 / 我模式

对两个问题都有某种答案，或者回答两个问题时都很容易。（对每个问题的答案可能不一样。）

我 /。模式

能对第一个问题做出明确的回答。对第二个问题不感兴趣。

无 / 我模式：

不知道第一个问题的答案。但能够明确地回答第二个问题。

我 / 你模式

能对第一个问题做出明确的回答。不知道或不想回答第二个问题。

有影响力的语言

如果我是你，我只会注意那个人在做什么，因为每个人都是不同的，是吧？以下是与有这些模式的人交谈时要使用的短语（表 12.1）。

表 12.1　不同类型的典型语言

类型	典型语言
我 / 我模式	“更加努力工作。加强组织性。” “做好准备。要知道自己想要什么。努力工作。”
我 /。模式	“加强组织性。” “这不是我的问题。”
无 / 我模式	“嗯，啊……不确定。” “要有组织。”
我 / 你模式	“更加努力工作。加强组织性。” “每个人都不同。”

我 / 我模式

“如果你是他，你会那样做吗？你知道你想要什么，什么对其他人有用，你可以把你对情况的想法应用到团队中。”（这些短语反映了这个人会为自己和他人做决定。）

我 /。模式

（对于这个群体，我建议你使用你对内部模式的人使用的语言，但要稍作改动。）“你对此很确定，这对其他人无关紧要，这可能对你最有利，不要管他们怎么想。”

无 / 我模式

“既然你已经知道对你的期望，你可以继续传达下去，直到你听到老板发话，然后再通知到每个人。你愿意把我们的指导手册上的规则告诉大家吗？乔治会怎么做？”

我 / 你模式

“你知道应该做什么，你想让别人自己决定他们的事情，你有自己独特的方式，并认识到所有人都各自不同。”

成熟的团队不需要太多建议

我 / 我模式的人非常适合于人员管理职位，此外他们还有其他必要的模式：主动模式和被动模式、主要的内部模式、主要的总体模式、他人模式、选择模式等（当然还要有必要的知识和技能）。

他们能够清楚地说明他们对部下的期望，并且了解他们指导自己行为的规则。如果一份工作或者一个特定职能需要某人向其他人传授专业知识，我 / 我模式的人是最合适的。你需要能够告诉别人该做什么。

管理者如果属于极端的我 / 我模式，特别是再与内部模式结合，就可能在团队中造成问题。我曾在一个组织里举办大型培训项目，该组织的主管决定所有员工都要接受视频培训。他的理由是，这种培训给他带来过巨大的好处，因此也会给其他员工带来同样的好处。在我看来，并不是每个人都准备好了接受这种体验。

当一位管理者有我 / 你模式时，他们可能会在团队中制造出一些焦虑来，尤其是当团队缺乏经验时，因为他们不会告诉别人他们的期望。但是对于那些知道自己需要做什么的成熟团队，他们会表现得如鱼得水。当发现某人的标准、价值观、目标等很重要，然后需要利用它们时，我 / 你模式的人能堪大用。我 / 你模式的人是很好的斡旋者和谈判者，因为他们能够理解各方的观点，同时保持自己作为调解人的中立立场。今天为教练、辅导员、培训师和治疗师举办的倾听和提问技巧方面的许多培训，都旨在创建一种我 / 你模式。

有我 / 我模式的销售人员，如果他们还有对这种工作很理想的其他模式，如主动模式、一些外部模式、主要的程序模式、选择模式、接近模式等，他们就会表现出色，这些模式的结合，会使他们愿意主动询问客户的其他要求。

如果他们有极端的我 / 我模式，他们会极其热心地告诉别人该做什么。我 / 你模式的销售人员可能不愿意主动询问客户是否还有其他要求或提出建议。

“都听你的”和“都听我的”

在等级森严的大型组织机构的中层管理者中，经常出现无 / 我模式。这些人通常不为他们的团队制定规则，他们发现规则是什么，再传达下去。

自 20 世纪 90 年代早期的经济崩溃、2000 年的互联网泡沫破灭、2008 年的金融危机、2016 年的油价暴跌等，组织机构一直在经历许多困难曲折：裁员、改造流程、改组机构、扁平化管理。每一次似乎中层管理者都首当其冲地遭殃。中层管理人员通常在许多流程中都被视为鸡肋，因为他们被认为仅仅是政策和程序的传递机制（这可能是对事模式的一种世界观），在我看来这是不正确的。

当组织机构想要精简时，中层管理人员作为人事协调者和开发者的角色往往被低估。结果在这种淘汰过程中，一大批无 / 我模式的人会突然发现自己需要再找工作了，对有些人来说这还是平生第一次。我们能对这些人做出什么预测呢？这对他们来说很困难。对于寻找新职业或新工作，他们并没有掌握很多规则。幸亏现在有许多求职网站可以提供帮助。

我有一个职业培训客户，他主要为无 / 我模式。我问她："你是否有时候难于做出决定？""哦，是的！"她说，"当决定跟我有关的时候。"我请她想象她坐在旁边的一把椅子上，然后让她以其他人的角度告诉她自己该做什么。这解决了她的很多问题。她可以毫无困难地告诉别人她的期望，但她很难确定在工作情境中她对自己的期望是什么。如果某人在相同情境中有外部模式、选项模式和无 / 我模式，那么这种决策困难的问题可能会更严重。

我 /。模式的人在能集中精力于完成工作而不必关注别人需要的地方发挥得最好。这种工作现在越来越难找了，因为许多公司都坚持要求员工沟通和协调他们的活动。这些人有时会采取"要么听我的，要么滚蛋"的态度，如果他们也有主动模式和内部模式，他们会推倒周围的一切障碍，强行开路。

我曾与一家小型环保公司的老板合作过，他就拥有这种模式组合。他把他的大部分员工都吓得够呛，他们觉得每天下班时都有可能收到解雇通知。

夫妻间心生怨怼的原因

在工作方面是我/我模式，在人际关系方面是我/你模式，这是有可能的。由于我/你模式的人通常不会在婚姻中表达他们对伴侣的期望，所以他们不时地转为我/我模式，让对方知道他们想要什么或不想要什么，是有益的。如果一个人总是停留在我/你模式，而不让伴侣知道自己喜欢什么或不喜欢什么，有可能会造成长久的怨恨。

我认识一些夫妻，他们不谈论重要的问题，比如要不要帮助他们陷入危机的成年子女，或者为财务和退休做计划。当我问他们为什么不像其他夫妻一样讨论这些事情时，他们只是无助地看着我。同样，那些在婚姻中大部分时间处于我/我模式的人，可能想要转变成我/你模式，以了解他们的伴侣是如何看待这种情况的。

我相信，通过了解不同的模式，你会逐渐懂得在特定时间选择哪一种模式是最合适的。

创造力普通的孩子，父母平均有6条规矩

在养育孩子的情境中，你是否从自己的孩子身上发现了他们想要什么、理解了他们是什么人，并告诉他们你的期望是什么？在养育孩子时，我/我模式通常是合适的。但在有些时候采用我/你模式也是合适的。养育的目标之一就是培养孩子成长和发展。

直升机式教育（Helicopter Parenting），是一种从出生到成年早期，父母监督、指导、训练、控制，并试图防止孩子遭遇失败或其他负

面经历的养育方式，是在为人父母的情境下，我 / 我模式与内部模式和程序模式相结合的一个极端例证，采用这种教育方式的父母最常见的主张就是：“我知道我的孩子应该怎样做。”

然而，大学生心理健康问题越来越普遍，其增长似乎与此有关。如果再加上“工作风格”那一章里提到的孤独因素，看来智能手机和这种育儿方法并没有帮助孩子们成熟地进入成年阶段。

根据《纽约时报》（*New York Times*）引用过的一项研究，创造力普通的孩子，其父母平均有 6 条规矩，而极富创造力的孩子，其父母只有 1 条规矩。少一些规矩，告诉你的孩子做什么和怎么做，会培养出更富创造力的孩子，但他们可能更难管理！

表 12.2　组织方式类型总结

问题	什么样的方法能够让你在工作中更成功 什么样的方法能够让其他人在工作中更成功	
我 / 我模式	我的规则适用于我，我的规则适用于你。能够告诉别人他们的期望	
我 /。模式	我的规则适用于我，我不在乎别人	
无 / 我模式	不知道适用于我的规则，我的规则是为你们提供的。典型的中层管理模式	
我 / 你模式	我的规则适用于我，你的规则适用于你。不太愿意告诉别人该做什么	
在工作情境下的分布	75%为我 / 我模式 3%为我 /。模式 7%为无 / 我模式 15%为我 / 你模式 （在工作情境下，根据罗杰・贝利的数据）	
有影响力的语言	对我 / 我模式的人	“如果你是他，你会那样做吗？你知道你想要什么，也知道什么对其他人有用，和团队一起，用你的想法去解决问题吧。”（这些话反映出这个人为自己和他人做决定）
	对我 /。模式的人	（对这个模式的人，我建议你使用对内部模式的人使用的语言。）“你对此很有把握，而这对其他人无关紧要，这可能对你最有利，他们怎么想并不重要。”
	对无 / 我模式的人	“既然你已经得知了对你的期望，你可以继续传达下去，直到你听到老板发话，然后再通知到每个人。你愿意把我们的指导手册上的规则告诉大家吗？乔治会怎么做？”
	对我 / 你模式的人	“你知道你应该做什么，你想让别人自己决定他们的事情，你有自己独特的方式，并且认识到每个人都是不同的，所有人都各自不同。”

第13章

短视频和电影总是更有吸引力

信服渠道——看模式、听模式、读模式与做模式

从语言行为模式的最后两个类别收集的信息，对销售人员尤其重要。信服渠道类别和信服方式类别，是关于一个人是怎样变得信服某事物的。不能让人们信服，他们就不会采取适当的行动。在他们变得真正信服某事物的那一刻，他们最有可能购买产品和服务，或者执行手头的任务。

对于每个特定情境，人们通常都有一种可以令他们信服的模式。信服的过程有两个阶段。首先，人们会通过一个特定的感官渠道收集信息（信服渠道），然后，他们会通过某种方式处理这些信息（信服方式），最终形成他们对信息本身的判断。

看模式：

他们需要在视觉上“看到”产品、服务或想法。

听模式

他们需要口头的介绍或听到些什么。

读模式

他们需要读些什么。

做模式

他们必须做点什么。

问题：

你如何判断别人是否擅长他们的工作？

看模式

必须看到某种证据。

听模式

会听或打听别人说什么。

读模式

阅读报告等材料。

做模式

必须和别人一起采取些行动来了解。

有时人们对这个问题会有不止一个答案（表 13.1）。

表 13.1　不同类型的典型语言

类型	典型语言
看模式	“就看着他们如何工作。”
听模式	“当他们解释他们的决定时，你可以判断他们的理由和思考过程。”
读模式	“我读了他们的报告。”
做模式	“我必须和他们一起工作，以了解他们是如何工作的。”

有影响力的语言

你可以在谈论的同时向别人展示你在说什么，就像他们所做的一样（表 13.2）。下面是针对上述模式的一些基于感觉的词汇：

表 13.2　不同类型实际应用中的典型语言

类型	典型语言
看模式	“我想给你看一个样品。”
听模式	“听起来不错，是吧？你还有什么需要讨论的问题吗？”
读模式	“报告中的数据不错。”
做模式	“你也许想试用一段时间再做决定。”

看模式

看，这样看，展示，视角，形象，清晰，澄清，光明，黑暗，闪亮，多彩，形象化，亮了，模糊，朦胧，水平，瞟一眼，看一看，想象一下，观其行，看它，等等。

听模式

听到，谈谈，听，好奇，说，问题，问，对话，打电话，噪声，节奏，中规中矩，和谐，像音乐一般，音调，不和谐，交响乐，叫喊，讨论，听说，告诉自己，等等。

读模式

读读报告，浏览文本，浏览页面，通读，详细读。

做模式

感觉，触摸，抓住，收集，接触，连接，具体，压力，敏感，坚实，封闭，开放，柔软，链接，热，冷，温暖，试一试，有意义，用用它，穿上试试，测试一下，等等。

影响力的说服原则

当你想要说服某人做某事时，例如在销售或分配任务时，你可以径直匹配他们的信服渠道。如果你知道他们在那种情境下需要什么种类（渠道）的信息，只要以那种形式给他们提供信息就行了。

如果你不知道首选的渠道，请尝试使用看模式。我们的文化与图像和电影紧密相连。每当我教授语言行为模式时，我都会告诉人们我的影响和说服原则：

“为了让人们跟着你去某个地方，你需要在他们所在的地方和他们见面，而不是假想他们已经在你希望他们在的地方。”大多数人不记得这个原则，但即使几十年后，他们仍然知道坐车要去公交车站，这是一个可以帮助你长久记住这一原则的形象——去别人的汽车站坐车。

表 13.3 信服渠道类型总结

问题	你如何判断别人是否擅长他们的工作
看模式	需要看到证据
听模式	需要口头介绍或听到些什么
读模式	需要读到些什么
做模式	需要对证据做点什么
在工作情境下的分布	55%为看模式 30%为听模式 3%为读模式 12%为做模式 （在工作情境下，根据罗杰·贝利的数据）
有影响力的语言	让你的语言与感觉渠道（看、听、读、做）相匹配

第 14 章

为数据着迷

信服方式——列数模式、自动模式、一贯模式与时间段模式

当人们通过特定的感觉渠道收集到信息后，他们需要以某种方式处理这些信息，以使自己相信这些信息。这种处理方式被称为信服方式。信服方式共有 4 种模式：

例数模式

例数模式的人们需要有一定数量的数据使他们信服，或学习某些东西。

自动模式

自动模式的人只获取少量信息，就会根据对其余信息的想象立即做出决定。一旦做出决定，就不容易改变主意。常做“无罪推定”。

一贯模式

一贯模式的人永远不会完全信服。每一天都是崭新的一天，他们每一次都需要重新评估。

时间段模式

时间段模式的人需要收集一段时间的信息，才能触发他们的信服。

问题：

他们要展示（看，听，读，做）这个多少次，你才会信服？

例数模式

会说出一个具体的次数。

自动模式

◎ 举个例子或者假设人们是好的。

◎ 对于疑点往好处想。

一贯模式

◎ 从未真正相信。

◎ 每次都要判断。

时间段模式

将谈论他们需要的一段时间或时期。

按照设计，这个问题问的是具体次数。人们要么能够明确地回答，要么一上来就一头雾水。然后通过排除法，你就会知道这个人不是例数模式（表 14.1）。

表 14.1　不同类型的典型语言

类型	典型语言
例数模式	“大概两三次。”
自动模式	“我马上就能看出来。”
一贯模式	“你必须评判每件工作。”
时间段模式	“过几个月吧。”

下面是一些示例对话，向你展示如何测试以确证：

作者：吉莉安（Gillian），你怎么知道你的同事能否胜任他们的工作呢？

吉莉安：我只需要看和听一次就够了。

作者：一次？

吉莉安：是的，我马上就能看出来。

这里有个提示。有时当你问第一个问题时，你会同时得到信服渠道和信服方式两个问题的答案。

吉莉安有看模式和听模式，也有自动模式的信服方式。

作者：你要和一个人共事多久才能确信他擅长自己的工作呢？

娜塔莎：哦，两三个星期吧。

作者：这么说如果你和某人一起工作几星期，你就会相信？

吉莉安：是的。

作者：亚当，你怎么知道你的一个同事擅长他的工作？

亚当：我需要读他们的月报。

作者：你要看某人的月报多少次，才能相信她或他干得不错？

亚当：嗯，每份报告都不一样。他可能某件工作做得很好，但下一件就不行了。我必须阅读每份报告。

亚当需要阅读，这是信服渠道的读模式，他还有信服方式的一贯模式。他不会一劳永逸地彻底相信，他每次都要做判断。

有影响力的语言

每当你和别人在一起的时候，你都可以假定他们必须花上一段时间来做决定，至少要给他们几次机会。（记住还要匹配他们的信服渠道。）

例数模式

使用数字。

自动模式

你可以假设；姑且相信；快些决定；现在。

一贯模式

试一试；每次你使用它；每一次；一贯的表现；别在意我的话。

时间段模式

（匹配时间段）几个星期，一小时左右，10 天。

重复推送同质信息，真能提高购买率吗？

52%的人在工作情境中都有例数模式，这意味着他们需要一定次数的数据才能信服。旧的广告教条认为，依据广告作者的不同，如果你在一段时间内重复一条信息 6 ~ 10 次，大多数人都会接受这条信息并根据它采取行动。

网络广告商们似乎都相信，如果你向潜在客户投放大量广告，让广告在互联网上一直跟着他们，向他们展示同一件产品或服务，最终人们会购买他们的产品或服务。网络广告大师们都相信他们有神奇的妙方来让人们购买你的产品：“只要你做对了这一件事……”

在个人发展领域，也有一个现在已被揭穿的说法：21 天足以改变一个习惯。这显然取决于一个人试图改变的是什么样的习惯，但有趣的是，从语言行为模式的角度来看，对于改变习惯的研究和讨论是关于时间段模式，而不是例数模式的。

对知识吸收率的把握从小开始

咱们且看看教育这个情境。如果说一个孩子在学校学习加减法，需要重复 12 次才能确信她已经学会了。很有可能在上课的时间里，她永远得不到她需要的重复数量，来让自己相信她已经会加会减了。课程的设计通常是包含对技能组合进行一定数量的重复。如果教师发现某个学生难以确信自己学会了加减法，那么可以调整练习以提供必要的重复。

这些信息对父母帮助孩子做功课也很有用。

"你怎么知道一个人读书读得很好呢？"

"他们能马上把所有的新词都记住。"（信服渠道：做模式）

"他们需要多少次把所有的单词立刻读给你，你才确信他们读书读得很好？"

"嗯，很多次。"

"很多次？有人能读 3 遍就记住所有单词，你相信吗？"

"嗯，我不确定。"

"好吧，他们把所有单词读 5 遍就能记住，你相信吗？"

"能，那当然。"

于是，作为父母，你可以确定，在阅读的每个阶段，当孩子们读新词达到 5 次以上时，他们就会认为自己记住了那些词。一旦孩子们得到了他们需要的证明，他们就会相信自己能做到，并且会更有信心地去阅读。

有时你需要和孩子讨论证据。如果记住所有的新词或者总是算出正确的答案不太好实现，那么也许你可以帮助他们采用一个更容易获得的证明。如果一个孩子在学习情境中有一贯模式,你会注意到，她每次进行了某个活动时，才相信自己学到了一些新东西。你可以向她指出，这一次就像每次一样，这样孩子就能再次做到了。

难缠的顾客

具有自动模式的人往往在只获取少量信息的条件下，就根据他们的推断立即做出决定。换言之，他们对其余信息产生了幻觉，然后据此做出决定。他们属于急于下结论或仓促做决定的人。如果你试图说服一个自动模式的人做某事，而他们一上来就说了“不”，那就不要费心去说服他们了，他们很少改变主意。

一贯模式的人从来不想当然。如果与避离模式相结合，这种模式组合对于涉及检查错误或各种质量监控的任务，都是非常理想的。你不要指望具有一贯模式的人会认为既然某人一向表现很好，他就真的不需要检查了。

作为顾客，一贯模式的人是最难伺候的。你每次为他们服务，都需要重新建立信誉。他们可能今天喜欢你的服务，明天就讨厌，后天又喜欢。他们会表现出怀疑，并且很难被说服。你需要采用与对内部模式的人相同的有影响力的语言，同时注意匹配他们的信服渠道。“我建议你先试一试，再做决定”（做模式，一贯模式），或者“仔细看看，然后告诉我你的想法”（看模式，一贯模式）。这类人最有可能退货，或者在谈判中变卦。

我曾经主持过一项培训课程。第一天，塔米走进来时，看上去很痛苦。她把文件砰一声扔在桌上，一屁股坐进椅子里，抱怨说她还有很多事情要做，却要在这里浪费时间。当天课程结束时，塔米对这项课程及其应用已变得非常热情。

而一个月后她再来参加课程时，又是满面愁容，又把文件砰一声扔在桌上，抱怨起来。我心里很纳闷，因为我有印象，她已经确信这项课程物有所值。那天结束时，她又恢复了热情。当同样的事情第三次发生时，我意识到她的信服方式属于一贯模式，我只需与她重修融洽关系和重建信誉。时至今日，她仍然与我保持着联系。无论她在哪里工作，她都会找机会邀请我为她的团队提供咨询。

时间段模式的人需要在一段固定的时间内获得信息，然后才肯信服。你的客户可能会告诉你，她需要几个月来商讨（听）你的产品。你可以等一段时间，或者在几星期后给她打电话，告诉她你一直很忙，感觉好像已经过去几个月了。我的语言行为模式咨询师 / 培训师认证课程有几位参与者有此模式。一连几天，他们参加活动时都沉默寡言，看上去满腹狐疑，仿佛在自己周围建起了一个隐形力场。然后，突然之间，他们活跃了起来，热情地参与其中。当我们谈论到信服方式的时间段模式时，他们都十分认同，并且大笑起来。

我还曾与一位小企业主合作，他有几个高技能职位的空缺，却难以找到合适的团队成员。他的招聘流程挺好，试用期的设置也很合理，候选人在此期间会被分配任务。事实证明，问题出在这位企业主的时间段模式信服方式上。即使他对候选人第一件或第二件任务的完成情况并不满意，他也会给他们 3～6 个月的时间来表现。

在对这种信服模式进行了大量讨论后，他强迫自己在短时间内针对一两个项目来评判候选人“行”或“不行”。他还同意通过远程工作的形式同时试用多名候选人。这使得他更快地排除不能胜任的人，并帮助他找到适合这个岗位的人，整个流程的时间也缩短了许多。

表 14.2　信服方式类型总结

问题	他们需要向你演示（看、听、读、做）多少次，你才会相信（他们擅长于自己的工作）	
例数模式	他们需要有特定次数的数据才能相信	
自动模式	他们只获取少量信息，就能立刻相信。他们几乎从不改变主意	
一贯模式	他们从来不完全信服，每一天都是崭新的一天，他们需要重新被说服	
时间段模式	他们需要在一段时间内收集信息，然后他们的信服才会被激发	
在工作情境下的分布	52%为例数模式 8%为自动模式 15%为一贯模式 25%为时间段模式 （在工作情境下，根据罗杰·贝利的数据）	
有影响力的语言	对例数模式的人	使用他们的数字
	对自动模式的人	假设；姑且相信

（续表）

有影响力的语言	对一贯模式的人	试一试；每次你使用它；每日的；每一次；使用内部模式的有影响力的语言
	对时间段模式的人	匹配时间段

语言行为模式工作表：工作效率模式

表 14.3 是语言行为模式工作表的第二部分，它将帮助你分析某人的工作效率模式。我在其中再次标明了每个模式的特征，以帮助你练习识别各种模式。在本书后面的总结部分，你可以看到包括动机模式和工作效率模式的完整的语言行为模式工作表。

表 14.3　语言行为模式工作表：工作效率模式

姓　名：　　公　司：　　分析人：
职　位：　　日　期：　　情　境：

问题	类别	模式	标志特征
（关于范围和注意力方向，没有问题可问）	信息范围	具体模式	细节，顺序，准确
		总体模式	概观，大局，随机顺序
	注意力方向	自我模式	简短而单调的回应
		他人模式	生动、富于表现力、不假思索的回应

（续表）

问题	类别	模式	标志特征
告诉我一个给你带来过麻烦的工作情况	压力反应	感觉模式	进入并停留在感觉中
		选择模式	在感觉中时进时出
		思考模式	不进入感觉
告诉我一个可以符合你标准的工作情况。（等待回答）你喜欢它的哪个部分	工作风格	独立模式	单独，我，唯一的责任
		接近模式	在控制中，周围的人
		合作模式	我们，团队，共同承担责任
	组织方式	对人模式	人，感觉，反应
		对事模式	工具，任务，主意
对你来说，什么样的方法能够让你在工作中更成功？什么样的方法能够让其他人在工作中更成功	规则结构	我 / 我模式	我的规则适用于我 / 我的规则适用于你
		我 /。模式	我的规则适用于我 / 谁在乎？
		无 / 我模式	没有规则适用于我 / 我的规则适用于你
		我 / 你模式	我的规则适用于我 / 你的规则适用于你
你如何判断别人（和你一样的人）是否擅长他们的工作？你需要（看，听，读，做）多少次才能确信他们做得好	信服渠道和信服方式	看模式 – 例数模式	给出数字
		听模式 – 自动模式	姑且相信
		读模式 – 一贯模式	不完全相信
		做模式 – 时间段模式	给出时间段

第三部分

准备好将影响力转化为成果了吗?

14类模式的应用练习

第 15 章

LAB Profile® 使用步骤

语言行为模式测试的完成分为两个步骤：

1. 提出问题。
2. 猜测和测试（验证步骤 1）。

第 1 步：提出问题

在这个阶段，你提出语言行为模式中的问题，并标记你看到 / 听到的每个模式的特征数量。除了关于标准的问题，你不需要写下他们的回答。对于其余的模式，每次你看到 / 听到一个模式的特征，只需做一个记号。不必太在意别人说什么，而要更关注他们怎么说。

以下是这一步的详细步骤：

1. 写下采访者的名字、公司名称，选择一个情境并记下来。在你问每个问题之前都要提及情境，以确保他们停留在那个情境中，比如：“在你作为项目经理的工作中，为什么这一点很重要？”
2. 提出问题，每次你看到 / 听到一个模式的特征，就做个记号。最后你可能在选项模式上做了 3 个记号，在程序模式上做了 1 个记号，诸如此类。
3. 对于主动模式 / 被动模式和总体模式 / 具体模式，以及自我模式 / 他人模式，没有需要问的问题。观察并注意非语言迹象来识别这些模式即可。

第 2 步：猜测和测试

猜测和测试阶段还能够确保你理解正确，帮助你纠正偏差，使整个过程更加准确和客观。当你完成了问卷调查，并且记下了第一轮记号后，就该通过给予对方反馈并注意他们的反应，测试一下你的所得了：

1. 确保你能够轻松地描述每个语言行为模式的行为。为了熟练地做到这一点，我建议你练习描述每一种模式，在你需要的情况下，次数尽可能多，时间尽可能长，以达到得心应手的地步。

示例

“趋向模式：当你有趋向模式时，你会专注于实现一个目标。如果你没有目标，就很难有动力去开始行动。你不喜欢被迫去处理问题。”

2. 为了给某人反馈，首先要说出情境，使用陈述句来描述与你记录中模式相关的行为。当你向对方陈述时，观察他们的反应。人们会本能地同意或纠正你所说的话。他们的反应，无论是点头确认，或是看上去很困惑，还是否定你的描述，诸如此类，都将使你确认或改变你所认为的模式。如果你在向对方陈述之后仍然不确定，就请他们给你举个例子，仔细听他们例子中的模式语言。

示例

“当你在工作时（情境），你有所谓的趋向动机模式。这意味着你往往专注于实现一个目标。如果你没有目标，就很难获得动力或者开始行动，而且你不喜欢被迫去处理问题。”

记住要继续指定情境。否则，他们可能滑入不同的情境，他们的模式在不同的情境中可能会有所不同。使用陈述句而不是疑问句来进行猜测和测试，只要保证你的句子结构是陈述句，用疑问的语气是可以的。

示例

“当你作为项目经理而工作时（提醒情境），你喜欢防患于未然。”（避离模式）

这里有一些很好的开场白可供你使用，以避免在猜测和测试阶段出问题：

在 X 情境中：

我觉得你好像喜欢……

我的印象是你……

我猜你喜欢……

你的动力是……

你可以根据你在这个阶段得到的反馈来修正你的标记。

你还可以整理一份语言行为模式速查表，这样所有的问题和典型的语言就都在手边了，随时可查，就不用什么都死记硬背了。

第16章

销售主管与人力资源主管的模式有何不同?

自从本书的前几版问世，并被翻译成多种语言发行以来，全世界已有成千上万的人在使用语言行为模式来了解他们自己和其他人的动机了。我曾受一些公司聘请，识别其客户潜意识中的动机模式和触发点，并训练咨询师、培训师和组织机构的领导使用语言行为模式。他们学会了如何改善沟通，如何在说服别人时获得更好的结果，以及如何招聘到“合适”的人。

然而既不幸也幸运的是，人类比这更复杂。要真正理解行为的来源和动机，你需要考虑复杂的情境序列，而每个情境序列都有好几种语言行为模式的组合。

那些在工作中具有内部模式、选项模式和对事模式组合的人，会有很强烈的倾向，让他们在自己的任务中有很大的灵活性。如果他们在工作中有主动模式和趋向模式，以及内部模式、选项模式和对事模式，那么很有可能他们会立刻同时投入很多活动而不顾及后果，也很少考虑一次性着手如此多事情会不会降低自己的效率。在为其他企业提供产品和服务时，我帮助他们解码潜在客户在购买周期的每个步骤中通常采用的组合模式。我们在每一步都设置了适当的营销语言，并确定了适合于每个潜在客户的购买流程。

这类研究的一个大发现是，有某些模式组合也适用于不同种类的群体，甚至是非常大的群体。一旦你发现了他们具备的共同点，你就可以根据这些共同的模式组合来指导你的交流了。如果你了解你的潜在客户群体的模式组合，你就能够增加销售量，快速成交。

对于向“高净值人士”（High Net Worth Individuals）出售投资策略的共同基金客户，我们发现有一组客户先是倾向于自己评估选项，以避免赔钱（内部模式、选项模式和避离模式），在他们自己检查了这些选项之后，又希望别人来告诉他们如何继续实现他们的财务目标（外部模式、程序模式和趋向模式）。这些客户在这一过程中分别有两种情境，每个情境都有自己的模式组合。

如何识别模式组合

一旦你拥有了某人在特定情境中的语言行为模式，下面的步骤能确定哪些模式会与其他模式相互影响并创造行为或态度：

1. 简要回顾与每个单独的模式相关的行为。
2. 问问自己，每个模式会不会增加或抵消其他模式的行为。
3. 看看所有模式加起来是什么样子。

示例

趋向模式和内部模式

趋向模式：需要有目标才能付诸行动，专注于目标。

内部模式：根据自己认为重要的，自己判断。

这个人知道自己想要什么，除此之外很难被说服。

示例

避离模式、外部模式、他人模式、感觉模式、对人模式

避离模式：关注哪里出错了，哪里可能出错。

外部模式：需要外界的反馈，受他人所想和所为的影响。

他人模式：关注并回应他人的非语言提示。

感觉模式：当遇到麻烦时，会感到沮丧，并长时间地停留在消极情绪中。

对人模式：专门花时间关注他人、感受和经验。

当人们难过或遇到问题时，正因为很关注这个问题，他们很容易被这些问题弄得心烦意乱，并因此而持续沮丧。现在，要了解一种模式怎样能够减少上述行为，让我们试试用对事模式替换对人模式：

对事模式：专注于任务和要做的事情。

这将在某种程度上抵消某些人受处于消极状态的其他人影响的

倾向。他们会更关注问题，而不是为别人难过，而且更有可能找到解决问题的方法，并且更长久地专注于此。

从某人的剖析中寻找组合模式

特别是当你在招聘的时候，观察候选人的模式组合是很有用的，可以帮助你更准确地预测他们在特定职位上的表现。表16.1和表16.2是一位销售主管在工作中的语言行为模式：

表16.1 一位销售主管的动机模式剖析表

活动程度	主动模式	√√
	被动模式	√
反应标准	成功，效果，改进方法，发现更好的策略	
行动方向	趋向模式	√√
	避离模式	√
动机来源	内部模式	√√
	外部模式	
行为依据	选项模式	√
	程序模式	√√
变化频率	相同模式	
	相同中有例外模式	√
	差异模式	
	相同中有例外和差异模式	

表 16.2　一位销售主管的工作效率模式剖析表

信息范围	具体模式	√
	总体模式	√√
注意力方向	自我模式	
	他人模式	√
压力反应	感觉模式	
	选择模式	√
	思考模式	
工作风格	独立模式	√
	接近模式	√√
	合作模式	
组织方式	对人模式	
	对事模式	√√
规则结构	我 / 我模式	√
	我 /。模式	
	无 / 我模式	
	我 / 你模式	
信服渠道	看模式	√
	听模式	
	读模式	
	做模式	

（续表）

信服方式	例数模式	3
	自动模式	
	一贯模式	
	时间段模式	

乍一看，这位销售主管有多个模式可以组合在一起来创建行为：

主要的主动模式、趋向模式、内部模式、程序模式、相同模式和对事模式。

这样的人，当他们认为一件事情正确的时候，他们可能会立刻采取行动以达到目标，而不去听别人怎么想。

当事情进展缓慢或遇到障碍时，他们可能缺乏耐心，因为他们积极主动地专注于自己的目标，并希望马上完成。为了说服或激励这位主管，我们最好是对方法（程序模式 + 对事模式）提出建议（使用对内部模式的人提建议的语言），以更快地实现他们的目标（趋向模式 + 对事模式 + 主动模式）。

"我可否建议你考虑（内部模式）让你的销售团队从一开始开会就使用语言行为模式问卷（程序模式 + 对事模式），来加快需求分析并建立融洽的关系（趋向模式 + 对事模式 + 主动模式）？”

表 16.3 和表 16.4 是一位人力资源主管的语言行为模式：

表 16.3　一位人力资源主管动机模式表

活动程度	主动模式	√
	被动模式	√
反应标准	成功，效果，改进方法，发现更好的策略	
行动方向	趋向模式	√
	避离模式	√√
动机来源	内部模式	√√
	外部模式	√
行为依据	选项模式	√√
	程序模式	√
变化频率	相同模式	
	相同中有例外模式	√
	差异模式	√√
	相同中有例外和差异模式	

表 16.4 一位人力资源主管的工作效率模式表

信息范围	具体模式	√
	总体模式	√√
注意力方向	自我模式	
	他人模式	√
压力反应	感觉模式	
	选择模式	√
	思考模式	
工作风格	独立模式	
	接近模式	√√
	合作模式	
组织方式	对人模式	√
	对事模式	√
规则结构	我 / 我模式	√
	我 /。模式	
	无 / 我模式	
	我 / 你模式	
信服渠道	看模式	√
	听模式	√
	读模式	
	做模式	

（续表）

信服方式	例数模式	
	自动模式	√
	一贯模式	
	时间段模式	

下面这种组合，让我们能够理解、预测和影响这位人力资源总监的语言行为模式为：

主要的避离模式、主要的内部模式、选项模式和差异模式。

当他们注意到一个问题或隐患时，他们很可能会有动力去探索创造变化的可能性。他们还有另一种令人感兴趣的组合：

主动模式/被动模式、主要的内部模式、接近模式和对人模式/对事模式。

有了这样的组合，他们在自己做决定之前会和别人商量一下。如果他们有独立模式而不是接近模式，他们询问别人的意愿就会变小。要说服一个同时拥有这两种组合的人，就要对避免、预防或解决问题（避离模式）或改变（差异模式）某事的选择（选项模式）提出建议（使用对内部模式的人提建议的语言）。

“如果你想改变（差异模式）结果（对事模式）及影响的对象（对人模式），你可能希望（使用对内部模式的人提建议的语言）避免（避离模式）这些选择（选项模式）。”

利用语言行为模式组合，你将能理解，并且影响复杂的行为。

对欺骗者的剖析：大众“排放门”丑闻

2015年，有新闻曝出，大众汽车公司（Volkswagen）在其柴油车上安装了作弊软件，以通过尾气检测，但在正常驾驶条件下，这些汽车的污染物排放量远高于美国的法定标准。

调查显示，作弊的决定早在2005年就做出了。在《纽约时报》的一篇文章中，大众高管描述了与这一决定相关的想法和行为：

◎ 该公司在美国的“雄心”与美国的空气质量规则（趋向模式和内部模式的“雄心”标准）发生了冲突。

◎ “2007年，大众汽车高管宣布，他们决心超越丰田汽车（Toyota），成为全球最大的汽车制造商，并渴望获得任何竞争优势。”（内部模式和趋向模式的标准。）

◎ 内部就使用什么样的排放技术产生激烈争议（内部模式和选项模式）。

◎ 对违规的纵容（选项模式）。

◎ “这是允许发生的一系列错误。”（内部模式和程序模式，一旦决定做出，他们就会坚持到底——错误是必须的！）

如果这些描述是准确的，那么对欺骗者的剖析将是：

标准：雄心，超越丰田成为世界最大的汽车制造商。

趋向模式：趋向那个目标。

内部模式：根据对自己是否重要来做决定。

选项模式（破坏规矩）和**程序模式**（在执行最重要的决定时破坏了规矩）。

这可能是对许多骗子都适用的剖析：有对成功或胜利不惜一切代价的标准，以及趋向模式（专注于目标，且不检查你所做的事情有什么错误）、内部模式（坚信自己并根据自己的标准做决定）、选择模式（有动力去破坏规矩）和最后的程序模式（一步一步地执行）的组合。这种模式的组合并不代表某人一定会欺骗别人，只是说他比具有同样的内部模式和程序模式却具有不同标准的人更有可能做出欺骗行为。

激进的狂热分子

大多数人不会变得“激进化”。然而，当环境和人自身的某些条件出现时，激进化就会发生。这些条件可以用语言行为模式来描述，因此也可以解码成语言行为模式。戴维·布鲁克斯（David Brooks）

在《纽约时报》上发表过一篇评论文章，讨论了埃里克·霍弗（Eric Hoffer）在其经典著作《狂热分子：群众运动的圣经》（*The True Believer: Thoughts on the Nature of Mass Movements*）中的观点。霍弗认为，群众运动的首要目标就是要个人牺牲自我。这种情况最有可能发生在传统、强大的社会结构瓦解时，相关个人受到挫折，他们无法实现自己的梦想，甚至连“正常”的雄心壮志都实现不了，他们对成功失去了信心。

于是，成功的群众运动能够令他们相信，他们受挫的原因来自外部。过去是辉煌的,如今是可憎的。下一步是要推动这样一种信念，需要进行一场彻底的变革，才能创造一个生动描绘的未来乌托邦世界，比当前的现实更真实，而个人及其现实经验将遭到抛弃。

霍弗说:“人们若想一头扎进一项正在进行巨大变革的事业，他们必须在并未穷困潦倒的情况下便已极度不满，他们必须有这样一种感觉，即如果拥有了某种强有力的学说或某种新技术，他们就能获得一种不可抗拒的力量。他们还必须对未来的前景和潜力有一种不切实际的设想。最后,他们必须完全不知道他们的宏大事业所涉及的困难。经验是一种障碍。”

如果这话说得对，那么用语言行为模式的术语来说，其情境就是一种摇摇欲坠的社会秩序（破坏了的程序模式和相同模式），责任在别人（外部模式和被动模式），再加上对辉煌的过去和未来的执着。

他们个人对自己的现状感到极度沮丧（被动模式、避离模式、感觉模式），需要他们以前曾拥有现在却不再起作用的社会结构（程序模式、相同模式、对人模式和对事模式），而且他们自己也没有解决办法（外部模式）。这种被动模式、避离模式、感觉模式、外部模式的组合，还需要程序模式和相同模式，使他们渴望有一个外部模式的解决方案或者一个能带来正确答案的人。

承诺定期去健身房，否则一分钱都拿不到

许多人认为改变一个习惯很难。也许是，也许不是。一种习惯，或者说一种惯常的行为，意味着一个人处于程序模式、相同模式和内部模式。就是我决定一遍又一遍地以同样的方式做同样的事情。而如果想要改变一种习惯，需要怎样做呢？鉴于一种习惯中存在的组合模式，所以先养成一种新习惯，再打破旧习惯，可能更容易一些。

根据《科学美国人》援引的一项研究，年龄在 19 ~ 25 岁的酗酒者，如果在每个周末前后收到手机短信，提醒他们要减少酒精摄入，他们饮酒量会少于没有收到这种短信的人。这项研究尤其表明，基于外部模式的办法有助于人们养成新习惯，至少在一开始是这样。我猜想，如果人们试图养成新习惯却未成功，原因可能是他们没有得到外来的支持，也没有遵循一个系统的程序（程序模式和相同模式）。没有程序通常意味着对新习惯没有承诺。

如何让人们开始去健身房并坚持下去呢？一项有趣的研究提供了两种策略。在最初的一个月，员工去健身房 3 次以上，每次都能得到 10 美元。在一个月结束时，付款停止了，但一些员工获得了一份“承诺合同”，他们可以把自己的钱存在那里，只有在接下来的两

个月定期去健身房，这些钱才会发还他们，否则就会捐给慈善机构。在3个月的实验结束3年后，获得合同的这组人定期锻炼的可能性比没有合同的那组高出20%。

用语言行为模式的术语来说，启动动机来自外部模式和趋向模式。外部资源奖励了目标行为。在实验的维续部分，起作用的是内部模式和外部模式，以及趋向模式的结合。我决定为自己而存钱，然后外部权威根据我是否完成了目标活动来决定我是否能得到这笔钱。

想象一下，如果你再加入程序模式和相同模式，养成一个新习惯会变得多么容易，尤其是如果新习惯还是你想做的事情，或者能带给你一个你想要的结果。

正如我们在关于趋向模式和避离模式的一章中看到的，一个避离模式的动机也能让你向一个新的方向启动，因为你无法再忍受现状，比如“我的牛仔裤紧了”，但是这个动机不足以更长久地激励你。

自封的“大师”们怎样忽悠你购买

我写过一篇文章，并据此扩展为一次题为“性、饮食和成功”的主题演讲，收到了很多积极的反馈。这篇文章解码了“成功商人”们用来忽悠人们购买的语言行为模式组合序列。我还解释了这些单一的模式是如何让大多数人未能如愿，然后又责怪自己，并购买下一个产品，希望这个产品能帮他们“成事”的。当他们邀请你去梦想巨大的财富、豪宅、豪车时，你就是被邀请转换到了被动模式、选项模式和看模式，这对做梦来说很美妙，但对“成事”来说却不是！

这篇文章还向你展示了如何区分那些“成功的商人”和那些真正能帮助你的个人和专业伙伴。

在第四部分的各章中，我还将介绍使用语言行为模式情境和模式组合来理解和影响结果、解决问题并帮助人们改善成果的其他方法，并且演示如何做到这一点。从上面的句子中，你能看出多少模式？

第 17 章

8 种影响力策略：让别人坐上你的车

经常有人问我，在语言行为模式中是否存在两个或多个模式之间的关系。例如，独立模式和内部模式之间是否有关系？这些模式并没有必然的关系。你可能想独自工作,却不知道自己的工作是否足够好，还得问:“莫林，我刚做完这个工作，你能告诉我你觉得它怎么样吗？”（独立模式加外部模式）

或者我完成了一份报告，并确信这报告写得很好，不必费心去获得任何反馈了（独立模式加内部模式）。大多数模式都可以与任何其他模式结合。组合模式的重要之处在于，当你理解了单独的模式组合在一起是如何形成整体的态度和行为后，你就可以更有效地预测其行为并施加影响了。

现在你已经了解了语言行为模式的各个模式，并知道它们是如何组合在一起发挥作用的。那么拥有具体的影响策略和技术，对于真正提高你日常的影响力，是会很有帮助的。本章提供了几种施加影响的方法，并向你展示了如何使用它们，包括简单重述前面章节中提到过的一些技巧。任何时候你都需要影响力，这都将是你灵感和技巧的来源和参考。

不要干等着别人跟你走

影响和说服原则表示：要想让别人跟你去某个地方，你需要到他们所在的地方去见他们，而不是假装他们已经在你希望他们在的地方了。相反，你应该去他们所在的汽车站，请他们从那里上车，让汽车把他们带到你想让他们去的地方。

去别人的“汽车站”，需要去想象他们是什么样子，设身处地地体验他们的生活，并依照他们在这种情境中的语言行为模式处事。在紧张或冲突的情况下，可能需要一些时间和个人的努力才能到达别人的“汽车站”。

我给自己定下了一个目标：做一个更好的人。方法就是在我做出反应之前,先了解别人当下的感受(去他们的“汽车站”)。我注意到，在比较紧张的情况下，我必须经历被惹恼、感觉被拒绝、认为对方完全不讲理等过程，继而反复思考，才能获得一些冷静和洞察力。

在实践中，“去别人的汽车站”意味着什么？为了让别人心甘情愿地上你的车去某个地方，你需要到他们的“汽车站”去接他们，可以参考这个公式：

匹配，匹配，匹配，引导

至少要匹配他们的模式三次，才能把他人引导向你想要的结果。例如，如果你想让某人在周二之前完成一份报告，而他们有一个避离模式和内部模式的组合，你可以这样说：

“既然你提到避免犯错误（避离模式）对你来说很重要（内部模式），因为你不喜欢（内部模式和避离模式）被迫一遍又一遍地重复做工作，而且你不大可能（内部模式和避离模式）错过截止日期，我只是想让你知道（外部模式的语言），这份报告定于周二发出（趋向模式）。”

使用自信的语气和肢体语言

我喜欢假设每个人相对于我都是内部模式，除非有证据证明他们对我是外部模式。这意味着我假定我在他们眼中还没有建立起可信度，我的一言一行，他们都在暗自评估，他们并不希望我告诉他们该做什么。

当我成功地建立起信誉后，别人对我会变得更具外部模式。他们会相信我说的话，接受我的建议等。但是如果我过于频繁地使用“应该”或命令式语言，他们又会很容易地转回内部模式。

以建议式语言开始，使用自信的语气和肢体语言，使你能够到达内部模式的人的“汽车站”，并说出对他们来说正确的语言。避免使用命令式语言，例如“这是你应该做的”，除非你真的有权威或有无可争议的信誉。

建议模型

回顾第 3 章，建议模型是一种让人们认真对待你的想法的非常有效的方法。这个技巧使用的语言，针对的是内部模式、避离模式、趋向模式，最后再加上一点点对外部模式的鼓励。

我建议你无论何时想要推荐什么东西，都使用这种语言，因为它可以减少阻力，使人们看到你的建议的有益之处，而且很容易做到。有 4 个步骤：

1. 提出建议（使用对内部模式的人的建议式语言）；
2. 说明这样能避免或解决什么问题（避离模式）；
3. 说明利益（趋向模式）；
4. 总体而言，为什么这么做很容易（对于外部模式的人）。

示例

“我相信现在使用这个版本的软件是最有利的，因为它没有其他版本存在的问题，而且它与你使用的其他软件都能很好地兼容，此外它还非常好用。”

15 秒抓住听众的心：Mat 系统

如果有人在做演示的时候使用了老套的介绍语：“首先……然后……最后……”我会在座位上缩成一团，恨不得找个逃生出口离开这个房间。

每隔 5 ~ 15 秒，演讲者就要同听众的电话、电脑等设备进行一场注意力的竞争。每隔 5 ~ 15 秒，听众们就会判断哪个最有趣，哪个最能吸引他们的注意力。如果你想要高效率，你就要赢得竞争。

我改造了伯尼斯·麦卡锡（Bernice McCarthy）研究中的 Mat 系统。这种系统与迈尔斯 - 布里格斯人格类型测验（Myers-Briggs Type Indicator，MBTI）基于同样的荣格心理类型。

当你想要引起人们的注意并阻止他们走神时，这个 4 步法就很管用。请注意，Mat 在每一步都涵盖了不同的语言行为模式，如果你在某些步骤中加上了建议式语言，那么对内部模式的人效果也会很好，以下是这 4 个步骤：

1. 为什么你的话题对你的听众很重要。（选项模式、避离模式和 / 或趋向模式）
2. 话题 / 内容是什么。（对事模式）
3. 如何做，以及有什么步骤。（程序模式）
4. 你的话题还有哪些地方对人们有用。（选项模式）

示例

现在的人们越来越惯于怀疑，很难引起他们的注意。（为什么）

Mat 是一种开启演讲或对话的技术。（是什么）

它有 4 个步骤。（如何做）

无论何时你想让别人对你要说的话感兴趣，你都可以使用这个办法。（哪些地方可以使用）

4 步激励法：为什么我爱你并且欣赏你

我为我的（Husband Motivator™）老公激励器应用程序（见附录 5）开发了这个方法，基于某人先前确定的语言行为模式，向人们提供一种激励方法，这种方法在许多情况下都能使用。你可以看到它以上述的 Mat 系统为基础，不过有两处改变：它是为与你交谈的人定制的（这就是这个应用程序几乎在任何情境下都非常有用的原因），并且最后一步为改善你和对方的关系提供了助力。

1. 为什么——趋向模式或避离模式。
2. 是什么——通过内部模式或外部模式的语言。
3. 如何做——选择（选项模式）或步骤（程序模式）。
4. 欣赏——为什么我爱你并且欣赏你。

示例

与你的配偶交谈

你想避免把一整天的时间都花在修理房子上（为什么——避离模式）。

所以，我提议我们优先处理需要完成的事情（是什么——针对内部模式的人）。

第一步可以排除不是必须做的事情，然后……（如何做——程序模式）。

我们能讨论并解决这个问题，真是太好了（欣赏）。

示例

管理者向团队成员讲话

你想在演示中给客户们留下深刻印象（为什么——趋向模式）。

那么，如果你能给他们提供一些解决方案，他们会更加赞赏（是什么——对客户来说是外部模式）。

咱们看看有哪些选择（选项模式）。

我很高兴你能够为了确保这次演示成功而收集信息（欣赏）。

一个绝对成交公式：拨动人们的心弦

我曾培训过一位名叫布兰达的客户，她是一家网站设计和在线广告管理公司的老板。她曾经为她的一个潜在客户做网络战略分析。她发掘出很多有价值的信息，却不知该如何向客户展示。她的潜在客户是一个很难打交道的企业主，有点大男子主义，不喜欢别人告诉他该做什么。用语言行为模式的术语来说，他有内部模式。

当人们准备展示什么东西时，很多人都会困扰“接下来我该说些什么？”但是，如果你没有以符合潜在客户购买流程的方式提供重要信息，就很可能无法达成销售。

下面是一个很容易实践的流程，特别适用于对付高度内部模式的潜在客户。这个流程将使他们感到舒心并受到激励，因此更有可能进行购买。正如你所知道的，只有让你的展示拨动人们的心弦，他们才会购买你的东西（或接受你的想法）。下面是我给她的公式：

事实→问题→解决办法→好处→正如你所知道的……

让我们来解码这个适用于内部模式的人的公式：

事实：从你研究过的信息，或者众所周知并广泛认同的信息开始。在布兰达这件事情上：

“我研究了访问你网站的流量，你的关键词平均每月有10次搜索。”（注意：避免对信息做出判断，确保信息是纯粹的事实。）

问题：这个事实会给这个人带来什么问题？

“这意味着需要你的服务的人可能在使用其他搜索词，他们找不到你的公司，所以你错过了一些本该属于你的业务。”

解决办法：对解决办法有什么建议？

“我建议（使用针对内部模式的人的建议式语言，而不是像“你应该如何如何”这样的命令式语言），让我们找出你的潜在客户搜索你的服务时使用频率最高、使用可能最大的搜索词。”

好处：你的潜在客户能够期望从这个解决办法中得到什么样的积极结果？

“这会让更多真正需要你的服务的人访问你的网站，从而增加你的业务。”

正如你所知道的：要求这个人在内心确认一些与问题相关的事情，对于处于内部模式的客户来说是不可抗拒的。提醒了他们需要解决的问题（避离模式），这触发了会导致最终结果——买入或接受的开始。

“正如你所知道的，大多数人只会点击他们搜索结果的最顶端，所以如果你的网站在他们使用的搜索词中没有出现在顶部，他们就不太可能发现你的公司。”

大男子主义测试

请回忆一下，我们之前已经讲述过这个话题了。为了确保即使是最大男子主义的人也能听取你的想法，在此再说一说在第4章就曾讲过的大男子主义测试。当你在写作、准备演讲时，如果你想要别人认真听你讲述，又不想让他们觉得受到了威胁，那么你首先要打好草稿。然后，你要问问自己是否暗示或陈述了以下内容：

1. 有些事他们还不知道；
2. 我要告诉他们该做什么；
3. 他们有问题而我有解决办法；

4. 他们在某些方面并不完美；
5. 我在某些方面比他们强。

如果你明示或暗示了上面任何一句话，你都没能通过大男子主义测试！你或许希望重新措辞：

1. 你或许知道……（然后陈述你怀疑他们不知道的事情。）
2. 使用建议式语言：你或许愿意考虑……
3. 据我所知，其他机构也有这个问题，其中一些机构采取的措施是……你们是如何解决这个问题的？（暗示他们已经解决了所有问题。）
4. 以你在这方面的经验和知识……
5. 你的角色是……我的角色是……（建立不同但平等的身份。）

坏消息公式

正如歌中唱的："你不可能总是得到你想要的。"有时候你也不能做别人想要你做的事，但你可以通过让他们不太痛苦的方式告诉他们，这相对容易做到，并且仍能使你们保持良好的关系。首先，确保你与对方在很大程度上建立了融洽的关系。然后使用坏消息公式。

如果你觉得没有好消息，那就去找些好消息！我的意思是对另一个人来说的好消息。我建议在使用好消息之前先把它写出来，至少在一开始的几次是这样（图 17.1）。

坏消息 但是 好消息 和 好消息 和 好消息

图 17.1 坏消息公式

我曾受雇于一家年轻且发展迅速的车队管理软件公司，帮助他们的主管优化公司的客户服务理念，然后培训他们在加利福尼亚、亚特兰大、多伦多甚至新西兰的所有团队成员的客户服务策略。他们找到我，是因为我参与过纪录片《伤害客户的服务》（*Customer Dis-Service*）的拍摄。该片曾由加拿大广播公司（CBC）在全加拿大播出，通过微软全国广播公司（MSNBC）在全世界播出。

他们之所以需要我的帮助，是因为他们收购公司的速度非常快，而整合这些公司的工作对他们服务现有客户的能力产生了影响。除了传授其他策略外，我还特别教导了他们使用坏消息公式来帮助应对客户的期望。任务完成 3 个月后，我仍然未收到我的报酬。我就应付款项事宜，写了一封简短的电子邮件给菲利普（我是在培训课上认识他的），结果收到了如下回复：

亲爱的雪莉：

我知道你还有没收到支票的事情了，我这星期会见到我们主管财务的副总裁，我会把你的发票亲手交给他，一旦你的账单付清，我会尽快通知你的。

我读了他的邮件，心想："这样挺好。"但几秒钟后，我反应了过来！等一等！我给他回了电邮：“是我教给你这样写的！”他回复了一个笑脸。即使你知道这是套路，但还是会被套路。

3-2-1 避离模式 - 趋向模式三明治

有些人陷入沮丧中难以自拔，一心只想着每件出错的事（避离模式和被动模式），虽然痛苦却找不到摆脱困境的能量或动力。有些人倒不是不快乐，但是无论发生了什么事，他们都更喜欢从中寻找和发现问题（避离模式）。在德国，每当有人对我说“Das geht nicht”（意思是“这在德国根本行不通”）时，就会出现这种情况。就连我在那里的一些朋友也会很高兴地告诉我，我的项目出了什么问题。

使用“匹配、匹配、匹配、引导”公式的变体 3-2-1 避离模式 - 趋向模式三明治，可以从别人的汽车站发车激励他们前进。下面是公式：

3. 避离模式的语句，切换；

2. 趋向模式的语句，连接；

1. 避离模式的语句（安抚他们）。

示例

一名正接受培训的客户陷入困境不能自拔

你说你不喜欢当下生活的一切，你想要离开你的工作，你厌倦了整天一人独处。（3 避离模式）

这就是为什么（切换以连接下一部分）我提议我们花点时间来确定你真正想要的东西，这样你就可以制订一个计划来实现它们了。（2 趋向模式）

那样（连接）你就不必继续困于当下境况了。（1 避离模式）

示例

有人看到了团队项目的问题

你指出存在问题的地方、这些问题的消极后果，以及我们要避免这些问题的原因。（3 避离模式）

这就是为什么（转换以连接下一部分）我想让团队看看我们的目标应该是什么，我们希望通过完成目标得到什么结果。（2 趋向模式）

否则（连接）我们就只剩下不能发挥作用的部分了。（1 避离模式）

以上的策略和技巧为你提供了针对不同人和不同情况的选择，以及清晰的步骤，因此即使在你没有太多时间做准备的情况下，使用这些策略和技巧也不会很难。

我在咨询工作中，经常会帮助客户分析复杂的沟通问题并制定解决方案。企业、大型组织机构和家庭（更不用提国家立法机构）中经常有复杂的互动，充满了“历史”、竞争的需求，以及不同的语言行为模式。

语言行为模式能帮助你理解和选择通过沟通来解决这些冲突的

办法。冲突有一个普遍的语言行为模式结构（图 17.2）：

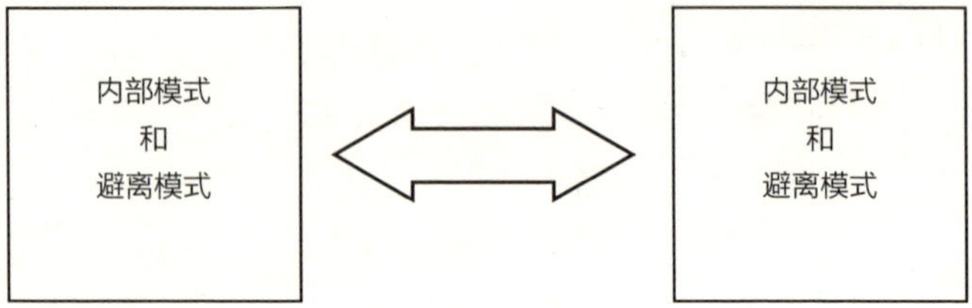

图 17.2 冲突的双方

冲突的每一方相对于另一方，都进入了内部模式和避离模式。这与双方的个性无关，而是冲突情境的本质。每一方对好与坏其实都心知肚明，却往往只听来自对方的反面意见。想想当你和某人发生冲突时的情况。你是不是坚信你自己是正确的，而对方在某些方面出了错？

除了这种组合之外，还有不同类型的冲突。通常在组织机构中，选项模式与程序模式、总体模式与具体模式、主动模式加趋向模式与被动模式加避离模式、对事模式与对人模式的人之间经常会发生争执。你会怎么办？

首先，找一个双方都很冷静，没有激烈争吵的时候谈谈话。一旦你创造了轻松的氛围，并且用针对内部模式和避离模式的语言来措辞，就要问问对方，在这个问题上，哪一点对他们来说是重要的。这将使他们能够解释他们在这种情况下的标准。

“我们似乎对下一步有分歧，我想如果我们有机会好好谈谈，就能够防止我们之间再出新的问题。(用针对避离模式的语言措辞。)你觉得怎么样?”(针对内部模式的语言。)

“我们接下来的步骤中，对你来说重要的是什么?”(关于标准的问题。)

通过重复关键词和短语并举出例子，来表明你的理解。

“对你来说，重要的是不要浪费时间和资源，尽快把事情办成，包括在本周末之前决定预算，是吧?”

然后你可以谈谈对你来说重要的事情，同时开始寻找能体现双方需求的策略。关键是要做好准备，去别人的“汽车站”迎接他们，使用针对内部模式和避离模式的建议式语言。

第18章

影响力实战：8步交谈培训模型

培训和指导，就是帮助人们找到方法，成为他们真正能成为和想成为的人。至于究竟要成为什么样的人,这取决于他们自己的定义。有很多方法可以做到这一点。我一直致力于帮助客户确定自己的成功策略，并通过了解他们的语言行为模式来帮助他们解决问题。

交谈培训过程的关键，可以在人们对经常被归于爱因斯坦的一句名言的转述中找到："人们并不以创造问题的模式来创造解决办法。"我发现，当人们处于被困状态时，他们都处在一系列典型的语言行为模式中，而这个模式迥异于他们解决问题时的模式。

如果培训师们能够了解是什么在潜意识中激励着他们的客户，就能帮助客户更快地实现目标。

只有大约40%的人在工作中是真正被目标所激励的，我猜想这个数字在接受培训的情境下还要低得多。很多人寻求培训的动机通常都是他们想要解决或预防问题，而不是追求他们的目标。

寻求培训的个人，通常都没有完全考虑清楚他们的目标，因为他们满脑子都是令他们不满的问题。因此，在培训他人时，理解并尊重这种动机是很重要的。语言行为模式为你提供了能够匹配他人动机的语言。

很多培训也发生在正式的“培训课程”之外，比如在走廊上，在电话中，或者在会议结束时“顺便”进行，拥有一种非正式的办法来帮助人们解决问题也是很有用的。我也经常使用这种对话方式来帮助别人解决问题。

实质上，语言行为模式对培训和指导的助益就是模式的检测和利用。交谈培训流程的步骤如下：

1. 进入状态；
2. 搭建框架：融洽关系和信誉；
3. 获得许可并确定资源；
4. 就“问题”和结果达成一致；
5. 语言行为模式中的当前状态 - 期望状态；
6. 干预；
7. 生态学检查和健全性检查；
8. 预测未来。

第1步：进入状态

有别于正式培训，在非正式培训中，让自己处于一种帮助别人的适当状态，同时保持交谈，是尤其重要的。（提示：我发现，在随意的谈话中，许多人比在正式的培训中更放松，更容易接受相关信息。）

我有一个锚点（Anchor），锚点是一种技巧，是将特定的内部反应与一些外部的或内部的触发器相关联，以便快速达到反应状态。

我用左手食指触碰左手拇指，调出我的“雪莉教练”状态，在我开始任何实际的培训工作之前，我自己会先做到以下几点：

1. 有一种平静感；
2. 对别人有一种温和的关心（即不过分投入于他们的问题和解决办法）；
3. 警觉；
4. 踏实。

我称之为我的优雅状态，这种状态利于我倾听、交谈和帮助别人。

第 2 步：搭建框架——融洽关系和信誉

第二步是搭建框架，并建立融洽的关系和信誉。要点在于，在谈话的早期，确保这个人真正相信有解决办法，而你也的确正是帮助他们的正确人选。

我称这一步为创建信任，因为这时还没有看得见的解决办法！我可以这样说：“我真的很高兴你来找我谈这件事，但没有必要让这种问题继续下去了。”（这样就假设有一种解决办法）

第3步：获得许可并确定资源

这时也是检查这个人在这个问题上是否真的需要帮助（而不是仅仅想抱怨一番）的好时机。获得与他们一起工作、提出建议的许可。“你真的想解决这个问题吗？”然后帮助这个人进入机敏的状态。开放的头脑会产生更好的结果！

有些客户比其他客户更难相处，有些客户会陷入更深的困境中。惯性可以是一种强大的力量，有些人习惯了有问题或不开心，没有兴趣和精力摆脱消极状况。

如果你的客户处于悲观或怀疑状态，相比一个明白自己需要探索和想办法的愿意接受指导的人，你的培训和指导将需要更长的时间。以下是我的做法：

通过对你的客户可能提出的反对意见进行有根据的猜测，在客户对有解决办法的可能性提出反对之前，预先陈述这些反对意见：

> “由于这个问题已经存在了这么久，所以很难解决。”

其次，要暗示某个特定问题可能会有积极的结果：

> “我想可能会有一个办法能够妥善解决你的问题。”

举几个你的客户可以凭借经验来验证的例子，来证实你对他们说的话。这也有助于建立你的信誉，使他们开始相信他们的问题有可能得到解决。下面是一个例子：

> “你是否注意到，当一些人确信某事时，很难让他们考虑其他事情？（停顿一下，等待客户思考并承认这说法。）你是否还注意到，当你开始相信存在某种可能性或希望时，就更容易找到解决办法？而当你不知道自己想要什么的时候，你也不大可能得到它？”

注意这些例子是如何引导对方确认或否认你所说的话的，要让对方自己决定是否同意你的话。这将使他们感觉得到了理解，因为你证明了你明白他们的处境为什么很困难，并且表达了希望。于是他们可以放下现状，超越现状，进入一个更机敏的状态。

记住：要始终与对方保持融洽的关系，但是要和他们的问题保持距离。你的工作是提供梯子，让他们能够从坑中爬出来，而不是和客户一起掉进坑里。

有些人不想要别人来告诉他们该做什么（内部模式），如果培训师在帮助他们进入一种更机敏的状态时过于热情或明确，他们会强烈反对。当你指导的客户对你的话始终持怀疑或抵触的态度时，你可能会发现最有效的方法是把这个人当成一个需要自己做决定的人，而不是一个希望得到外界指导或反馈的人。

对于一个内部模式的客户来说，建立你的信誉比建立融洽关系更为重要。你可以使用建议式语言来确保你具有影响力：

只有你能做出决定。

这里有个建议，你或许愿意考虑一下。

我能说一些你或许愿意考虑的事情吗?

你觉得……怎么样?

许多培训师通常已经在对客户使用这种语言了。但是，如果你对有外部模式的客户使用同样的语句，他们却可能感到困惑。这样的语言对处于外部模式的人来说毫无意义。他们需要一些来自外界的指导或反馈来了解他们是否在做正确的事情。你可以使用下面这样的语句：

（某人）对此会很感激的。

当你这样做时，别人会注意到的。

结果我会告诉你。

如果某人外部模式很强，而你在他们眼中信誉很高，你可以径直告诉他们该做什么。但这违背了培训和指导的目标，不是吗?

为什么在培训时关注客户是处于内部模式还是外部模式是非常重要的?当某人处于内部模式时，他们需要你建立信誉，这样他们才能更有效地与你合作。如果你不这样做，他们可能会对你的建议产生抵触情绪。想想那些你曾经打过交道的难缠客户吧，甚至可能还有你最亲密的家人。

如果他们对于你是外部模式的，他们就可能相信你，当你告诉他们什么事情时，他们会接受指导，遵循你提供的流程。对于他们，融洽关系比信誉更重要。

第 4 步：就“问题”和结果达成一致

通过“神经语言程序学结果预期表”（NLP Outcome Strategy）中列出的问题（表 18.1），你可以既听到期望的结果也了解到当前状态、问题及可能的解决办法。

通过仔细聆听，你可以了解到当某人遇到问题或挑战时，会呈现出语言行为模式的哪些模式，以及他们在谈论自己的“期望状态”时会使用哪些模式。

表 18.1　神经语言程序学结果预期

问题	获得良好结果的条件
你想要什么	你想要什么而不是你不想要什么（正面陈述）
谁？什么时候？在哪里	一个清楚的画面（具体情境）
你怎么知道你得到了它	你会看到、听到、感到什么（可以证实）
你的目标取决于谁？你有什么资源可以让你实现目标？当前发生的事情，如何表明你现在能做什么	你可以为自己的目标发起行动并持续奋斗（可以达到）
你的目标中什么是重要的？这个目标如何反映了你想成为什么样的人	你的目标足够激发你的动力，所以你会真正去行动（值得一试的）

（续表）

问题	获得良好结果的条件
这是你真正想要的吗	这符合你的价值观
如果你得到了你想要的，会发生什么情况	你的目标不违背你在其中发挥作用的整个体系
你从你想要确保的当前局面中得到了什么？你有失去什么的风险？得到你想要的会对你的环境（同事、部门、家庭、工作、未来等）产生什么影响	你的目标保留了当前局面下令人满意的方面

第 5 步：当前状态 – 期望状态

这是一个需要技巧和实践的过程。实质上，当他们谈论一直在困扰着他们的问题及他们想要什么时，你就能听出他们的模式（表 18.2）。

表 18.2　当前状态 – 期望状态培训表格

	当前状态（问题）	期望状态（结果）
问题 - 结果		
标准		
语言行为模式		
其他		

一旦你能够确定这个人正在受到怎样的问题困扰（当前状态），

以及当他们找到解决办法后的情况（期望状态）之间的语言行为模式差异后，你就可以帮助客户进入期望状态的模式了。这将使他们获得解决办法，并发现能帮助他们更容易地解决手头问题的见解。

被“困”的状态

当人们无法解决一个问题时，他们经常会被困住，徘徊在一片区域内，却不能摆脱。通过多年传授和使用语言行为模式，我发现当一个人处于这种被困状态时，通常都处于一种普遍的模式组合：

> 被动模式：思考而不是行动。
>
> 避离模式：沉湎于问题和消极后果。
>
> 选项模式（有时）：可能有太多的选择，却不知道（如何）推进程序。
>
> 感觉模式：陷入消极情绪状态，难以自拔。

如果你在客户讲述时听出了这些模式，那么客户很可能就处于被困状态。如果你能识别出当他们找到了解决办法时的模式，就将真正帮助他们爬出他们陷入的坑。

第6步：干预

在交谈培训模型中，唯一真正的干预包括将当前状态模式的语言部分替换为期望结果模式的语言。这可能需要重复几次。这是一项技能，需要对语言行为模式的语言有一定的掌握。

> “所以你一直在想所有事情（选项模式）都是你无法控制的（外部模式），而且似乎会发生在你身上（被动模式），你有多么不喜欢这种情况，并且想要摆脱这种情况（避离模式），当然现在想想（仍然是被动模式），你意识到（稍微有些内部模式），第一，开始程序模式，无论以什么方式，你都能够自己做出决定（更多的内部模式和一点点选项模式）；第二，一旦你知道了对你来说最重要的是什么，你就会明白该如何行动（内部模式和程序模式）。最后，只管投入行动，开始弄清楚你想要什么，这一点都不难（主动模式、程序模式和些许的避离模式）。”

这种非常简短的语言上的模式替换是一个范例，展示了如何从特定问题当前状态下的模式（在这种情况下是被动模式、避离模式、外部模式和选项模式）开始，部分替换为此前发现期望状态的模式（在这种情况下，为主动模式、内部模式和程序模式）。

这时只需要利用模式，而不需要提议具体的解决办法，因为只要人们根据他们所期望的结果的模式运作，他们可能自己就能想明白解决办法。

当你替换了这些模式之后，对方一开始通常都会很困惑，你会发现他们同时在处理、质疑和重新构建。稍等片刻，当他们回过神来时，经常会带着新的见解，心中已有解决办法或者处理问题的途径。

千万不要提出解决方案，你只需要让对方转换到他们在解决问题的状态下所具有的模式。

再举个例子，如果我的客户在当前的问题状态下有被动模式、避离模式和内部模式，并显示出他们在解决问题的状态下会有更多的外部模式，我可能会这样说话：

“所以你知道（内部模式）发生在你身上的事情（被动模式）是你不喜欢的（内部模式和避离模式）。当你思考这件事情并想明白了（反应模式和内部模式）你不再想要什么（避离模式）的时候，你可能会开始注意到（仍然多少有些被动模式）其他人正在做的事情（一点点外部模式）可能会奏效（仍然有一点被动模式和内部模式），甚至得到在这种情况下有用的反馈和建议（外部模式），并看到你获得了（外部模式）能帮助你适应（外部模式）需要做的事情（被动模式和主动模式）的反应。”

在让你的客户考虑过你说的话之后，要探明他们这时的想法。听听他们是否改变了模式，是否找到了解决办法。我的一位外部模式的客户在经过干预之后，在谈论他的期望状态时，说了这样的话：

“我不一定能想到所有这些。我做过尝试，但是没用，不过我打赌我哥哥迈克尔能帮我。他真的很擅长做这类事情，我真的很看重他的意见。我要问问他这件事。”

选择越多越好？对谁更好？

许多培训师和咨询师都努力帮助他们的客户在生活中找到更多的选择。这既可能是有益的，也可能是毁灭性的，取决于这种方式是否匹配另一个重要的动机模式。我时常谈论“选择困境”（Options Dilemma），也就是说有太多的选择却没有决策流程，经常会给人带来被压垮的感觉。

心理学家巴里·施瓦茨（Barry Schwartz）在他的《选择的悖论》（*The Paradox of Choice*）一书中谈到了这一点。他说：“悖论在于，选择是我们所珍视的自由和机会的核心，然而我们每天面临的选择之多，却令人崩溃。”

如果你的客户正承受着被压垮的感觉，他们可能需要一个分步骤的程序来摆脱危机，而不是继续考虑更多的可能性和更多的选择。

如果他们处于选项模式，但显然需要一种程序才能推进，那么你可以通过讨论有太多选择（匹配客户的问题），却没有可遵循的一步步的流程时的困难，来帮助他们。然后逐渐转换到更具程序模式的语言，如第一步、第二步、第三步，从而帮助你的客户确定他们需要的流程。这里的关键是帮助他们做完和成就某件事，而不是向另一个方向飘移却不能保证其完成。一旦客户进入了程序模式，他们就可能更有动力去完成已经开始的工作了。

处于选项模式的客户往往会开始做其他事情，而不是着手完成已经开始的事情。这可能是他们生活中的一个大问题，也可能是他们找你培训或咨询的原因之一。很多有创造力的人都有这个问题。他们有能力进行创造性思维，从而提出新的想法或找到解决问题的新方法，但缺乏毅力，难以在较长一段时间内保持动力来完成他们的工作。

第 7 步：生态学检查和健全性检查

然后对他们提出的解决办法进行一下“生态学”检查：这个解决办法可能有任何负面影响吗？健全性检查问的问题则是：即使没有负面影响，这个解决办法是个好主意吗？这样做的确有意义吗？

第 8 步：预测未来

我们为了测试一个解决办法是否真的有效并能应用，会让对方想象未来，并注意会发生的情况。

“完成”框架

当你在模拟未来时，你需要了解你的客户是否真的会按照他们说的去做。语言行为模式的特定组合决定着客户是否处理了某个问题，以及他何时解决了该问题。这就是你判断他们是否致力于一个解决方案或行动的办法。下面是需要观察的语言行为模式：

◎ 主动模式。

◎ 趋向模式。

◎ 内部模式。

◎ 程序模式。

换言之，有这些模式的人会投入行动，向着他们的目标前进（主动模式、趋向模式），他们内心知道（内部模式）自己想要做什么，他们也有一步步的流程（程序模式）来实现他们承诺要完成的任务。我注意到，当我从客户那里听到这样的语言时，就明白了他们更有可能坚持到底，并得到他们真正想要的结果。

培训的实践和方法在不断发展。对于不同的人和不同的情况，掌握不止一种培训结构是大有裨益的。这个交谈培训流程无论在远程教学还是在面授中，都能很好地发挥作用。你可以记录下你的交谈，不仅是为你的客户，也可以供你回顾自己是如何探查、挑选和利用客户的语言行为模式组合的。

第19章

职业剖析：自己做老板还是当打工人

当人们来找我做职业咨询和培训时，我们通常会先做一次语言行为模式测试。此外，企业管理者们也会要求我对他们的员工进行剖析，以确定他们的长处和短处，可能是为了他们目前的工作，有的也是为了可能的晋升或调职。

记住要向接受剖析的人清楚地说明情境。由于大多数受访者都对语言行为模式了解不多，我通常会在他们的报告中写进语言行为模式概要（见本书附录）。

下面是两份关于职业指导的语言行为模式报告的示例。

语言行为模式报告：比尔 · X 的工作动机模式

下面的模式描述了那些会触发比尔的动机的事情。

主要是被动模式，也有些许主动模式

比尔更可能思前想后，而不是立即行动。最可能触发他的动机的，是他在某种状态下得以理解、分析和思考。他可能会等别人采取主动行动，他觉得做回应更为顺心。

标准

下面这些词句是他在工作中的“热键”。当他想到或听到这些词句时，他就会受到激励：

个人满意度和职业满意度、目标感、激情感、兴奋感、成就感、大事业的一分子、为我提供了生活目标、我使人们和组织更强大的感觉。

主要为避离模式

他的动机通常是要摆脱糟糕的情况。当有问题需要解决，有情况需要预防、避免或摆脱时，他都会变得生龙活虎起来。他是一个生来就要排除故障的人。他需要每隔一段时间就重新关注自己的目标，以避免误入歧途。

主要为外部模式

在他必须自己做决定的情况下，他能够也愿意做决定，但他并不特别需要自己做决定。当他得到别人或结果的反馈时，他的动机就会被激发。如果没有这样的反馈，他就会失去动力。他会把信息当作指示来接收。

主要为选项模式

比尔通常有动力去开发新的选择、替代方案和可能性。他经常难以遵守程序，但通常善于开发程序。

当被要求简单地遵循一个程序时，他可能会试图修正这个程序。突破规则对比尔来说是不可抗拒的。

相同中有例外和差异模式

他喜欢工作环境经常变换。当他确信自己了解工作时，他会很乐意把那工作做上几年。工作生活的某些方面，会使他喜欢做这份工作5～7年，而其他方面则会使他只愿意做1～2年。他的任务时钟似乎平均为3年左右。

语言行为模式报告：比尔·X的工作效率模式

下面的模式描述了比尔需要的工作环境、适合他的任务类型、他对压力的反应，以及他如何才能被说服相信某事。

主要为总体模式

比尔通常从概貌上理解他的工作，并且更喜欢在大的框架下工作，但是如果需要的话，他也可以在更长的时间内按照更细致的序列工作。

他人模式

他在与他人交流时，接收情感内容，对人们的行为产生本能反应，这有助于人际沟通。他在与人沟通时根据非语言部分来理解交流。

接近模式，也有些许独立模式

比尔通常喜欢在有他人参与或周围有人的情况下工作。为达到最高的工作效率，他需要有自己明确的职责范围。在工作的某些方面，他希望完全独处，不受干扰。

对事模式，也有些许对人模式

在工作中，比尔专心于手头的任务。虽然他也能认识到感觉的重要性，但如果可以选择，他会专注于要做的工作。

压力反应：选择模式，也有些许的感觉模式

比尔最初会对工作压力产生情绪上的反应，而且可能会沉湎于情绪过久；但他通常能够适应压力大的情况，并会根据自己的理解做出反应。他最适合于那些以能同情他人为贵的任务。

规则结构：我/我模式

比尔希望别人能以他的方式工作。他在工作中很乐于告诉同事他的期望。因为这个特点，他很适合于做人员管理工作。

信服渠道：看模式、听模式和感觉模式

他对项目或想法产生信任，主要靠看到证据或者观察产品或流程。他也能通过倾听或讨论而被说服。要让他完全信服，他还需要获得一种“弄清某事的原理”的感觉。

信服方式：例数模式

比尔可以被三四个例子说服。这是他需要去看、去听、去感受才能信服的次数。少于这个数字他则不会相信。

比尔·X理想的工作环境

以下几点可用来形容比尔的理想工作：

◎ 有时间去反思、分析和理解，还有时间用于行动。

◎ 解决问题和排除故障。

◎ 以结果或其他重要人物的意见作为反馈。

◎ 有开发新选项、设计新程序的可能。

◎ 渐变和剧变，有各种各样的任务，每隔三年就会有一次重大变化。

◎ 更倾向于大处着眼，而不是小处着手。

◎ 有自己的责任范围，工作时周围有其他人，也有时候完全独处。

◎ 专注于想法、任务、体系和一些感觉。

◎ 避免高压力的工作。

比尔需要定期重新关注他的目标。这将有助于他评价自己当前的活动，看这些活动是否使他更接近目标，并反映了他内心深处的价值观。

由于比尔有善于开发替代方案和从大处着眼的天赋，他需要与更具主动模式、程序模式和细节取向的人合作，来完成他将要开发出的创意。为能一举成功，他需要把他必须做的事情分成步骤，然后一步步地去做。

高压的工作和紧迫的期限，从长远来看对他是不健康的。

报告结尾的一览表和建议，客户在评估选择时可以使用。根据客户的剖析结果，你既可以为他们提出选择上的建议，也可以为他们提供找工作、开始新职业等方面的流程。下面是另一位客户的样本报告，她正在考虑把她的兼职工作改为全职。

语言行为模式报告：克劳迪娅·Y的工作动机模式

下面的模式描述了会使克劳迪娅触发和保持动力的事情。

同等的主动模式和被动模式

克劳迪娅可以主动开始行动，也可以等待其他人启动行动，两者对她来说都不困难。她可以生龙活虎地干起来，同时也可以只思考而不行动。在她看来，理解和行动一样重要。她的工作要为她提供两者兼而有之的机会。

为了成功地建立和经营自己的事业，克劳迪娅需要积极地激发她的主动模式那一部分，特别是在开辟新的业务时。

标准

下面这些语句在工作中对克劳迪娅有高度的重要性，可以成为她的“热键”：

总有东西要学、用文字和语言工作、与外界接触、团队合作、高薪。

这些语句所代表的体验，正是克劳迪娅在工作中所要寻找的。

趋向模式

克劳迪娅会因为“向着”自己的目标前进而有动力。她受到目标的激励，并且由于她目标导向极强，以至于可能意识不到现实的或潜在的问题。如果在她做计划时，能有一个善于发现问题的人来帮助她，她将会如虎添翼。

主要是内部模式，也有些许外部模式

通常克劳迪娅会自己做决定，当她下定决心时也会很有动力。在一定程度上，她需要通过别人的反馈来检查她的工作，但一般来说，克劳迪娅更愿意倾听自己内心的声音。她通常从别人那里获得信息，然后用自己的标准来评估。在她理想的工作环境中，她有机会自己判断自己的工作，并把别人的反馈作为参考。

主要是选项模式，也有些许程序模式

克劳迪娅通常有动力去开发新选项和找到其他方式来做事情。她很有创造力，但她有可能难以完成流程，因为她的动力主要来自开发替代方案。如果克劳迪娅经营自己的企业，确保程序完成对她来讲是非常重要的，并且在开启一个新项目之前，她的想法要得到合乎逻辑的论证。

相同中有例外模式

克劳迪娅喜欢自己的工作环境能够发展和进步。她喜欢做同一件工作 5 ~ 7 年。她可以每年接受 1 次不是太剧烈的改变。这对于创业是一个很好的模式，因为只要是做她喜欢的事情，克劳迪娅在初创和发展阶段能一直坚持下去。

语言行为模式报告：克劳迪娅 · Y 的工作效率模式

下面的模式描述了克劳迪娅需要的工作环境、适合她的任务类型、她对压力的反应，以及她是如何信服事情的。

主要是总体模式，也有些许具体模式

克劳迪娅喜欢从总体上考虑工作，她也能长时间地处理具体细节。作为他人工作的管理者或协调人，她要让其他人专心于具体工作，而她来把握全局。她能在工作中看到大局，但在必要时也能处理细节。

他人模式

克劳迪娅对他人的非语言行为很敏感，比如声调、面部表情、身体姿态等。她对人们的行为会自动产生本能反应。她根据非语言部分来理解与他人的交流。

压力反应：感觉模式，也有些许选择模式

克劳迪娅最初会对工作压力产生情绪上的反应，而且往往会沉湎于情绪中超过必要的时间；但她通常能够适应有压力的情况，并会根据自己的理解做出反应。她最适合于那些以能同情他人为贵的任务。

接近模式

克劳迪娅喜欢和周围的人一起工作。她喜欢当老板，或者有一个老板来管她，只要她的职责和权力范围划分得明确。如果她必须独自工作，或者必须与他人分担责任，她的工作效率就会下降。

主要是对人模式，也有些许对事模式

在工作中，克劳迪娅主要关注人们的需求。这意味着她会对客户和老板的感受做出反应。她也能够专注于任务。有时她可能会为了照顾某人的个人情绪而放弃任务。在这种时候，她可能需要记住目标并决定孰轻孰重，这是她有能力做到的。

规则结构：我 / 我模式

她希望别人以她的方式工作。她了解工作场所的政策和不成文的规则，而且她很容易把这些规则传达给别人，这是管理者的基本素质。

信服渠道：看模式和听模式

克劳迪娅需要听到和看到证据，才能确信某事。她需要对产品或人员做些什么，相当于输入必要数据，才能开启信服的程序。

信服方式：时间段模式

克劳迪娅需要在6个月的时间里持续听到、看到，并且做一些与证据相符的事情，然后才能信服。少于这个时间都无法让她确信。

克劳迪娅·Y理想的工作环境

总而言之，克劳迪娅在工作中需要以下要素：

◎ 有机会采取主动和进行反思。

◎ 向着目标努力工作（她需要精心制定的具体目标，否则她会失去动力）。

◎ 有别人输入信息，但她可以自行判断的工作。

◎ 有机会开发系统、程序和创意。

◎ 在5~7年的周期内实现工作进展和个人成长。

◎ 集中精力于大局，只做少许细节工作。

◎ 有责任和权威，有他人参与。

◎ 与他人关系融洽，有共鸣。

克劳迪娅在为她的事业发展做决定时需要考虑的事情：

◎ 积极主动地寻找客户。

◎ 在计划阶段要有人帮助，协助者要善于发现潜在的和现实的问题。向参与者解释清楚他们的角色。

◎ 确保事业成功所需要的流程能得到妥善维护。

◎ 评估业务上的想法并确保每个计划都能够完成。

◎ 在她所做的工作中融入成长和发展的计划。

个人剖析的关键

1. 确定情境和剖析的目的。
2. 根据情境来调整问题。
3. 在给人反馈时，要用非专业人士的语言来描述模式。
4. 确保考虑到任何相关组合的衍生结果。例如，如果你的客户是避离模式加对人模式，你可以预测到他会放弃正在做的任何事情来照顾其他人的需求。
5. 当你不确定时，通过问备选的问题来测试你的诊断。

独立工作

许多人都梦想能够为自己工作，而不是给别人打工，比如做数字游民、开始创业，或者收购已经在运营的企业。2017年，美国劳动力中自主创业者的比例为6.3%，同一年加拿大为8.3%，德国为10.2%，英国为15.4%，墨西哥为31.5%。根据加拿大统计局（Statistics Canada）的数据，自主创业后能坚持5年的人不到30%，而新企业主能坚持5年的比率还不到上面的1/2。

为自己工作与为别人打工是十分不一样的，两者需要不同的语言行为模式组合。尽管人们选择自主创业有很多不同的原因，但他们需要具备多种技能才能成功：

◎ 特定的价值观、信念和态度（例如行动取向、独立的欲望、主动性、创造力等）。

◎“软”技能，包括人际沟通能力和网络技能。

◎ 对自主创业的风险和好处有现实的认识。

◎ 功能性业务技能（如财务、人力资源管理、市场调研等方面的技能）。

◎ 在特定的题材、内容等方面有足够的专长。

◎ 有足够的相关商业知识（如法制、税收、资金来源等）。

如果我们要确定成功所需要的上述技能所对应的语言行为模式，它们将是：

◎ 主要是主动模式。

◎ 反应标准：成功，实现我的目标（加上许多个人标准）。

◎ 主要是趋向模式。

◎ 主要是内部模式。

◎ 主要是程序模式，并有相当比重的选项模式以解决问题和开发新的解决办法。

◎ 相同中有例外和差异模式。

◎ 主要是总体模式，但在需要时有能力专注于具体事务。

◎ 他人模式。

◎ 选择模式。

◎ 主要是独立模式，也有些许的接近模式。

◎ 主要是对事模式，也有大剂量的对人模式。

◎ 我 / 我模式。

自主创业的人需要走出去，让梦想成真，而不是仅仅想想而已（主动模式、对事模式、趋向模式）。

他们需要决定把时间和精力投放在哪里并做出正确的战略决策（内部模式和总体模式）。不太成功的人事必躬亲，即使是低价值的工作都亲力亲为，因为他们看不到大局和战略（具体模式、程序模式）。

他们需要专注并完成正确的活动，而不只是按照日程表来行动（程序模式、主要的总体模式）。

他们需要找到解决问题的办法，并且能够在需要的时候进行调整（选项模式和些许的避离模式）。

他们需要协商和管理各种关系（总体模式、他人模式、对人模式、对事模式、选择模式），而且需要能够长时间独自工作（独立模式）。

并不是每个人都有这样的灵活性，能够分清轻重缓急并做出决定，能够管理人际关系并独自工作，且不会被所有事情压垮。

当然，自主创业成功的一大秘密是：即使不得不做那些超级烦人的事情，你愿意不惜一切代价去实现它，因为你有坚定不移的标准和价值观。

此外，自主创业人士参加与工作相关的培训和教育的可能性似乎只有其他人的一半，不过他们可能会以不大正规的方式学习。我认为学习如何把事情做得更好或者使思维更有成效是关键。如果你是自主创业者或正在经营一个企业，你怎样才能不断地学习和成长呢？

你想独自去冒险闯荡吗？

如果你正在考虑辞职，去自主创业，请就以下问题，按 1 ~ 5 分打分（最有把握的情况为 5 分，以此类推）：

1. 我能够长时间独自工作吗？
2. 我能够做到“走出去，尽管去做”吗？
3. 我是否有足够的战略眼光，把我的时间、精力和金钱投放到正确的地方？
4. 我是否善于激励别人及与他人谈判？
5. 我能够完成自己开启的工作吗？
6. 我能找到解决问题的方法吗？
7. 我是一个寻求知识并能迅速应用的快速学习者吗？
8. 我的项目是否真的重要到让我愿意做最令人厌烦的工作来争取成功？

现在你能推断你自己的语言行为模式吗？

第 20 章……

组织剖析：企业文化诊断和变革衡量

想要了解一个组织机构的文化，最简单的办法就是问问在那里工作的人。令人惊讶的是，员工和管理者通常对他们公司形象的认知高度一致。虽然在我曾参与团队建设运作的组织中，人们通常一开始并没有一致的看法，但他们会本能地知道组织主要是选项模式还是程序模式，是内部模式还是外部模式，是趋向模式还是避离模式，是差异模式还是相同中有例外模式，等等。

在比利时拉于尔普（La Hulpe）的 IBM 国际教育中心（IBM International Education Centre），来自各国的管理开发经理人对该公司的语言行为模式进行了当前状态 - 期望状态分析。

他们断定公司整体上有内部模式，正试图转向外部模式，并且从程序模式转为增加选项模式，从相同中有例外模式转为增加些许的差异模式。

这种分析使他们能够准确地理解他们的计划应该鼓励什么样的

态度。然后，我们研究了他们正在采用，并可能用于这些目的的一些战略。（但那是另一本书了。）

为了完成分析，我简单地描述了每种模式的属性，并询问参与者他们认为 IBM 的属性是什么。整个过程耗时约三小时，最终达成了一致看法。

文化诊断过程概述

企业文化诊断的具体步骤：

1. 召集一组人，作为来自团队/组织具有代表性的“样本”。
2. 描述每种模式的行为，并询问小组成员哪些模式匹配：“这里的情况如何？”
3. 提示：陈述，而不是提问。
4. 让人们提出每种行为对应的例子。
5. 查看一致的看法和不一致的看法。
6. 让他们想出描述每种行为（模式）和锚点的句子或单词。

在密苏里州的圣路易斯市（St-Louis），城市领导人、商业领袖、政界人物，以及来自服务组织的志愿者领袖与我一起做过这种分析。他们在各自的桌子上分组工作，而我们设法达成了共识。下面是我为他们做的一些陈述，供他们在各自桌上讨论。你能猜出我的陈述中包含了哪些语言行为模式吗？

这里的人们不在乎外人怎么看他们或他们的城市……

或者

这里的人们对这座城市在别处的名声很敏感。

这里的人们喜欢探索各种可能性、新方法，喜欢打破常规……

或者

他们喜欢按照正常程序办事。

这里的人们对变化和新事物感到非常兴奋……

或者

这里的人喜欢稳步前进……

再或

人们喜欢待在这里，是因为这里有很多东西可以信赖。

你还可以使用语言行为模式来衡量组织变革的有效性。先从组织机构中随机挑选一组人，做一下变革前的企业文化诊断。

采用适当的策略实施期望的改变，注意让你的语言与组织中普遍存在的变化频率模式（相同模式、差异模式等）相匹配。

在主要的变革完成6个月到1年后，再随机挑选一组不同的员工，让他们用语言行为模式的语言来描述当前的文化。有效的变化这时就应该能够通过语言行为模式的变化显示出来。

组织变革过程概述

衡量组织变革过程的具体步骤：

1. 确定期望状态。组织希望拥有什么样的行为、价值观和信念、身份认同和愿景？用语言行为模式的术语来描述期望状态。
2. 诊断当前状态。组织及其员工的行为、价值观和信念、身份认同和愿景，用语言行为模式的术语来描述是什么？
3. 设计和传达变革信息。使用适当的沟通策略和适当的有影响力的语言，从匹配组织的当前状态开始。
4. 衡量影响。从团队 / 组织中召集一组有代表性的“样本”，进行测试。那些已经“固定”的变化将显示在剖析中。（变革过程完成数月之后）

第21章

管理剖析1：外行人筛选简历的益处

一家工程和制造公司在招聘生产经理。他们收到了300份应聘简历，但在那批人中只发现了一位优秀的候选人。他们聘请我对这个职位进行了语言行为模式测试。我用适当的有影响力的语言写了下一份广告，旨在吸引合适的人选，并劝阻那些不适合的人。这回他们收到了100份应聘简历，并在其中发现了8位优秀的候选人。

语言行为模式能帮助你吸引优秀的候选人，并从入围名单中找到最合适的人。众所周知，单凭直觉和一些传统的面试问题，会导致面试官根据个人偏见做出错误的决定。

专门研究招聘和面试的工业心理学家（工业心理学，industrial psychology，研究工作中人的行为规律及其心理学基础的学科。——译者注）斯科特·海豪斯（Scott Highhouse），曾这样评说工作面试："人力资源领域的专家、有经验的面试官，实际上的表现并不如那些使用与工作相关且具有行为特征的结构化问题的外行人。"

构思你想招聘的员工画像

当你在招聘时，确定你想要在候选人身上发现的素质是非常有用的。通过使用下面的程序，你就能确定候选人的素质和态度中有哪些语言行为模式组合。当然，某些语言行为模式对于必要的素质是不可或缺的，而某些模式则出自个体差异。以下是区分的办法：

1. 明确定义那种素质会有的行为。
2. 确定必然具备那种素质的模式。
3. 举出一个例子来测试，看看模式是否合适。
4. 如果这个人有相反的模式，他还会那样做吗？是，就是个体差异。否，那肯定是素质的一部分。

譬如，你想招聘一个善于交际的人，他需要能够注意到别人何时高兴，何时不高兴，并有能力预防和解决人际关系问题，建立极好的关系。哪些语言行为模式才是使人在这方面取得成功的必要条件呢？

我的评估是，这个人是被动模式多于主动模式，主要是避离模式，兼有内部模式和外部模式，主要是总体模式，主要是对人模式，还有我 / 你模式和我 / 我模式的组合。

你需要了解该职位的具体任务，以及这个人将要承担的责任。以下要素将帮助你确定一个职位的概况，任职者需要承担该职责：

◎ 是只管去做、只需要思考，还是需要思考后再行动（主动模式 - 被动模式）?

◎ 是要确定事情的轻重缓急并进行管理还是只需要找到并解决问题（趋向模式 - 避离模式）?

◎ 是自己做决定，掌握标准，还是根据反馈进行调整（内部模式 - 外部模式）?

◎ 是要遵循程序还是设计程序（程序模式 - 选项模式）?

◎ 变化会巨大且频繁、会逐渐变化，还是一直保持在某个水平（差异模式 - 相同中有例外模式 - 相同模式）?

◎ 需要关注大局还是细节（总体模式 - 具体模式）?

◎ 是否需要与他人融洽相处（他人模式，选择模式）?

◎ 压力水平如何（感觉模式 - 选择模式 - 思考模式）?

◎ 需要独自工作，还是负责自己的领域但周围有其他人一起工作，还是作为一个团队一起工作（独立模式 - 接近模式 - 合作模式）?

◎ 需要专注于感觉还是专注于要完成的任务（对人模式 - 对事模式）?

◎ 是需要沟通规则和自己的期望、只负责发送接收规则、只管完成任务，还是要同时理解双方（我 / 我模式 - 无 / 我模式 - 我 /。模式 - 我 / 你模式）?

◎ 是需要检查错误，还是需要监控质量（一贯模式和避离模式）?

生产经理的工作描述

下面就是对本章开头提及的生产经理工作的描述。该公司设计和制造生产各种塑料薄膜的设备：

制造业生产管理

◎ 平衡工厂生产水平和销售需求。

◎ 通过领班人员管理工厂员工。

◎ 确定人力需求和材料需求。

◎ 对单元负荷、容量分析和性能进行研究。

◎ 监控生产报告，调查生产、运输和数据输入中的错误原因。

◎ 根据进度计划总表向各部门下达工作指令。

◎ 制订详细的生产计划，安排机器的运输、安装与测试。建立标准的成本核算体系。

◎ 确保发货顺利完成：1. 订单完整；2. 正确地装箱，保证在运输中不会发生损坏；3. 带上必要的装配图纸或电气安装图纸；4. 确认运输费用；5. 保证质量管理。

◎ 与工程部沟通，确定工作的优先顺序。

材料和库存管理

◎ 负责所有在制品和库存。

◎ 保证订货和交货时间能配合生产需求。

◎ 保持最佳库存水平。

◎ 协调和指导所有与盘点审计相关的活动。

◎ 监督物料清单，确定生产标准和零件编号。

◎ 在可行的情况下运行自动化物料与库存控制系统。协调、监督采购部门。

◎ 与主要供应商协商价格与条件。

◎ 选择并确定新的供应商。

◎ 引进新的生产方法，使采购职能更加有效，并确保其改进能反映当前的环境。

◎ 与主要供应商协商价格与条件。

全面负责工厂遵守政府相关法规

◎ 确保符合职业健康和安全法规并进行尽职调查。

◎ 工人的补偿。

◎ 危险废物的清除。

◎ 保证工作场所危险物品信息系统合规。

◎ 评估。

◎ 鉴别。

设备维护

准备日用物资、备件和配件的年度预算。建立设备选型、操作、维护和更换的程序。

生产经理的工作分析

根据上面的工作描述，并对生产经理将要汇报的高级管理团队做了剖析后，我为这个职位提出了一份理想的语言行为模式报告。根据工作描述和与总监们的关系，以下特点应优先考虑：

主要是主动模式，有些许被动模式

这项工作需要高度的精力和创造力；在较低的程度上，这个人也必须能够分析和反思。

主要是避离模式，有少许的趋向模式

成功的生产经理需要不断地排除故障，检查错误，纠正错误。总监们则需要关注目标，着眼于最重要的事项。

内部模式

生产经理必须制定标准，并根据这些标准进行考评。为了完全担负起工作量，他需要自己判断情况是好是坏，而不是依赖于总监们的不断反馈。为了与总监们很好地合作，他必须就一系列标准及如何考评达成一致，然后才能放手工作。

主要是程序模式，有些许选项模式

生产经理在大部分时间需要通过履行程序来激励自己。他一定是那种必须做成或做完他已经开始的工作的人。在较低程度上，他需要开发新的程序。

相同中有例外和差异模式

生产经理需要不断督促改进和进步，并能够引入新的程序和制度。他还必须能够同时处理各种各样的任务。

主要是总体模式，有很大程度的具体模式

为了有效地工作，生产经理需要始终掌握全局，这将帮助他在适当的时候委派工作。然而,一些任务也需要他长时间地处理具体细节。通常情况下，一个具有同等的总体模式和具体模式的人很难将工作委派出去，这可能会让他的员工感到沮丧，长久来说也会让他本人精疲力竭。因此，一个主要是总体模式的人更为可取。

他人模式

此人必须对语调和肢体语言有所反应，以监督下属或与员工沟通，以及与供应商谈判。

压力反应：选择模式

生产经理需要能够设身处地地为他人着想，能够控制他自己内心的情绪，能够处理工作负荷而不会在事情出错时精疲力竭。

主要是接近模式，有些许独立模式

此人必须始终专注于手头的任务，同时对人们的情绪也要有所反应。鉴于生产上有很明确的完成期限，任务必须优先于感情。

规则结构：我 / 我模式

他必须能够做出明确的指导。

信服方式：一贯模式

理想情况下，一个“从来不会完全信服”的人，是需要对质量进行监控和检查的职位的最佳人选。这意味着他会经常进行检查，而不会因为上周一切都好就认为目前也一切都好。

最重要的模式

通过对职位描述的分析，结合三位总监的语言行为模式情况，以下模式对新的生产经理来说最为重要：

主要是避离模式；

内部模式；

主要是程序模式。

我用表 21.1 所示的对比表，与这份工作的“理想”人选相对照，比较了（公司所写的）第一个广告中入围的每位候选人。

表 21.1 候选人对比表

剖析模式	生产经理	鲍勃	约翰	迈克尔
主动模式 – 被动模式	主要是主动模式	同等的主动模式和被动模式	主要是主动模式	主要是主动模式
趋向模式 – 避离模式	主要是避离模式	主要是趋向模式	避离模式	主要是趋向模式
内部模式 – 外部模式	内部模式	主要是外部模式	内部模式	主要是内部模式
选项模式 – 程序模式	主要是程序模式	主要是程序模式	同等的选项模式和程序模式	主要是选项模式
相同模式和差异模式	相同中有例外模式和一些差异模式	相同模式和差异模式	相同中有例外模式	差异模式和一些相同中有例外模式
具体模式 – 总体模式	主要是总体模式和一些具体模式	主要是总体模式	主要是总体模式	主要是总体模式
他人模式	他人模式	他人模式	他人模式	自我模式和他人模式

（续表）

剖析模式	生产经理	鲍勃	约翰	迈克尔
独立模式 – 接近模式 – 合作模式	主要是接近模式，有一些独立模式	合作模式和一些接近模式	接近模式	主要是接近模式，有一些合作模式
对人模式 – 对事模式	主要是对事模式和一些对人模式	同等的对人模式和对事模式	主要是对人模式和一些对事模式	主要是对事模式
压力反应	选择模式	选择模式	选择模式	选择模式
规则结构	我 / 我模式	我 / 你模式	我 / 你模式，有一些我 / 我模式	我 / 我模式
信服方式	理想情况下是一贯模式	一贯模式	时间段模式	很大程度上是例数模式，也可能有一贯模式

在我看来，根据每个候选人的个性（不考虑技能或知识基础），约翰是最合适的，其次是鲍勃。我认为约翰是最棒的，是因为他有感知、预测、预防和解决问题的能力，也因为他善于决策。他最有可能为总监们分担更多责任。

鲍勃因为目标取向，可能会忽视问题。因为他有更多的外部模式，他更可能需要持续的反馈来帮助他做决定。

只吸引合适的人：招聘广告

为了展示怎样写广告，下面列出两个用于生产经理职位的广告。这是该公司在要求我剖析这个职位之前所登的广告：

招聘生产经理

快速发展的私营工程公司，制造向全世界出口的高科技优质机械，生产管理部门急招决策人。

明年的产量要翻倍，迅速扩大的部门需要高效的协调。

应聘人必须有10年以上的相关工作经验。工作重点是组织、计划和采购。候选人必须具有出色的人员管理和领导技能。

下面是我对这个职位进行了剖析后所写的广告：

招聘生产经理

急招一位有主动精神的工厂厂长，他将与这家制造向全世界出口的高科技优质机器的工程公司一同成长。

合适的候选人将管理生产部门，解决技术、人员和顺应政府法规等问题，要遵循公司规程并在必要时开发新的规程。即使是在交货目标压力下，你将制定标准，并确保标准始终得到执行。在项目管理、人员管理和采购方面，你需要有丰富的经验和技能，并能证明这一点。

现在就打电话，咨询你想了解的所有信息。

第 22 章

管理剖析 2：团队提升绩效是否有捷径?

作为一名领导者或管理者，你有责任准确地评估员工的能力。在了解他们的知识和技能水平之外，如果你还了解他们的语言行为模式情况，你就可以更好地重新设计或调整具体的任务分配。

首先要列出你的团队须优先采取的行动和期望的结果，并确认每个行动都是必要的和有用的。在每个行动旁边列出理想的语言行为模式，以及所需的知识和技能。然后缩小范围，得出该职位所需要的理想模式的概况。

然后你可以对你的每名团队成员进行剖析，并与他们讨论按此种工序工作的效率如何。你可以根据需要完成的工作和团队成员的剖析情况，调整任务分配。最好以协商的方式来做，在可能的情况下考虑他们的偏好。

让我们把团队看作一个整体。用语言行为模式的要素进行考察，你的团队有哪些特征？当你考虑需要完成的任务时，团队的优势和劣势是什么？你怎样才能最大限度地发挥这些优势？在追求团队目标时，你又如何减少甚至利用这些弱点？

这个过程没有捷径。你的团队首先需要确定远景、任务和目标（当然，是在组织的更大的环境中）。有许多书籍论述了关于这方面的方法。下一步是评估你的资源（包括你的员工），并评估你当前的业绩表现。无论你决定如何进行干预，都应当是通过比较你的期望状态和你的资源与你的当前状态所得出的结果。

我利用语言行为模式，帮助一家顶尖大学医院的药物服务部门提高了绩效。在他们明确了总体和具体的目标之后，我给他们的整个团队及要完成的任务做了剖析。

我在将药剂师的总体工作、他们在药房的工作，以及他们在病房的临床工作这三种情境，与团队的剖析情况做比较时有所发现，制成了表 22.1 这张对比表：

表 22.1　药剂师的语言行为模式对比表

总体工作	药房工作	临床工作	药剂师 （人数：17）
主动模式和被动模式	主要是被动模式	主动模式和被动模式	主动模式和被动模式
主要是避离模式，也有一些趋向模式	避离模式	避离模式	主要是避离模式
主要是内部模式	内部模式	内部模式和外部模式	内部模式和外部模式同等分布

（续表）

总体工作	药房工作	临床工作	药剂师（人数：17）
程序模式和选项模式（2:1）	绝大部分是程序模式	选项模式和程序模式	主要是选项模式
相同中有例外模式和些许差异模式	相同中有例外模式	相同中有例外模式	主要是相同中有例外模式，也有一些人是双重模式
主要是具体模式，也有些许总体模式	主要是具体模式	主要是具体模式	主要是总体模式
他人模式	他人模式	他人模式	他人模式
接近模式	接近模式	接近模式	主要是接近模式
对事模式，有一些对人模式	对事模式	对人模式和对事模式	对人模式、对事模式两者兼有，同等分布
选择模式	选择模式或思考模式	选择模式	主要是选择模式
我/我模式	我/我模式	主要是我/我模式，有一些我/你模式	我/我模式

虽然很明显，在团队剖析模式与要完成的工作相匹配之处有优势，在模式不匹配之处则可能会有弱点，但是还需要考虑其他业绩因素。这个特定团队经常召开部门会议，讨论如何与病人合作，如何引进和管理新技术，以及如何推动部门朝着改进质量的目标前进。

鉴于这个团队主要是避离模式，有大约一半的高度内部模式和主要的选项模式，我能够猜出他们的会议是什么样子。提出一个问题并提出解决办法，然后，针对问题原因进行的分析和提出新的解决方案，会发生漫长的争论。团队的许多成员对这些会议的冗长、频繁和低效感到沮丧。我们讨论了如何利用团队中的优势来更有效地开会。

例如，当他们需要讨论并就需要满足的原则和标准达成一致时（内部模式），要询问与会者："如果不考虑当前状况，我们最理想的状况是怎样的？"还要就如何符合标准而提出具体的问题："我们怎么知道我们已经做到了我们想要的？"然后他们可以探索如何达到目标的选项。避离模式的人可以对建议的解决方案自由地审查并畅所欲言地提出修改意见。最后，程序模式的人可以确保完成由此而形成的任务。

有趣的是，通过对他们工作的剖析，我发现他们在很大程度上都必须遵循程序，但团队人员中的大多数都偏向于选项模式。这可能是考虑组织机构文化必要性的一个典型范例。这家医院是一所教学研究型医院，以其在卫生保健方面的创新而闻名，或许是机构本身的声誉吸引了选项模式的人到那里工作。

我问药剂师们如何看待自己的工作，问他们是否认为日常工作基本上就是按程序办事？他们中的许多人都回答说，每个病人都是不同的，都有各自需要解决的问题，而他们要与多科别的医生、护士组成的团队一起寻找最合适的选项。我很想也对其他机构的药剂师进行剖析，看看这个群体是否真的与众不同。

他们最近聘用了一位更具程序模式的经理来平衡团队。她制定更多的规程并确保这些规程得到遵守，她做出了巨大的贡献。我还在继续帮助他们招聘新员工。

虽然很难一言以蔽之怎样就能打造一个高绩效的团队，但起点一定是要对团队成员和任务了如指掌，同时要对照职责、任务和具体目标，考虑团队成员的个人属性。（那么我是我／我模式，还是其他模式？）

利用语言行为模式的方法，对员工和团队进行分析并将分析结果与需要完成的任务相比较，你将能够确定需要改进的地方，以及能使你的团队从优秀走向杰出的方法。你需要有一些选项模式的思考，因为没有任何能够适合一切情况的分步流程。

第 23 章

谈判剖析：搞砸一次，足以毁掉所有善意

我的一家在汽车零部件行业的企业客户，正面临着一场迫在眉睫的罢工。最近，他们与工会——美国汽车工人联合会（United Auto Workers，UAW）的关系恶化了，因此他们非常担心，需要想办法避免工人罢工。

谈判小组认为与工会代表达成协议是可能的。问题是代表工会谈判的人与工会委员们之间缺乏信任：他们在文化、种族和社会阶层方面都存在着差异。谈判小组需要找到一种能直接与工会委员们对话的策略，这正是我要教他们的。

我用语言行为模式的谈判策略来培训他们。我们分角色进行模拟实际的谈判。这很困难，培训结束时每个人都筋疲力尽。但他们学会了如何使用语言，不仅与对方的谈判者交流，还能间接地向委员们传达信息。

接下来发生的事情非常有趣。如预期的那样，他们与工会代表

达成了协议。但协议到了委员们那里,却被否决了。奇怪的是,两天后,有几位工会委员回去想了想,又觉得这是一份不错的协议,于是他们鼓动进行了一次新的表决。委员们不仅批准了这项协议,还签署了公司历史上的第一个五年协议,而此前的期限都只是一到两年。事后,公司的谈判团队告诉我,他们本没指望能避免罢工,但我教给他们的策略奏效了。每个人都很高兴与工会委员们的关系有了显著的改善。

虽然语言行为模式本身不是谈判规程,但它可以有效地用于理解各方的需求和沟通方式。它使你能以你的谈判伙伴最能接受的方式提出你的建议。

尽管粗略概括不一定准确,但是从语言行为模式的角度来理解,某些团体或部门的确拥有可以识别的文化。例如,在工会谈判团队中,经常会发现被动模式、避离模式、内部模式、程序模式、相同模式和一贯模式的模式组合。有这种模式组合的人对管理方提议的反应往往会是:(从他们的角度)审视任何提议中的错误,根据自己的标准和准则做决定,坚持不折不扣地遵循相同的程序,并在条件和要求发生变化时大声抗议。

他们往往会要求对工人的待遇一致(相同模式),因此会反对引进诸如绩效工资(差异模式)和不利于新员工的两级薪酬等制度。“公平”(Fairness)是这种情境中人们经常会听到的一个词,这是一个相同模式的词,公平通常意味着对每个人都一视同仁。

因此,为了有效地与拥有上述模式组合的对手谈判,要从为工人们预防或解决问题的角度说明你的理由。由于他们可能有内部模式,请他们考虑替代方案可能造成灾难性的后果。不要再提另外的选项,最好这样说:“要避免任何人受到不公平对待，正确的办法是……”

记住，如果你是在和一个有一贯模式的人谈判，你需要在每次接触时都与对方重新建立融洽关系和信任，无论是面对面、打电话，还是书面联系。我曾提醒一位新受聘的总经理,要正确看待一贯模式。他正带领他的公司，从改善公司史上最糟糕的劳资关系开始，准备打一场翻身仗。我对他说:“为了让你的员工相信你想振兴公司，让员工们的事业兴旺发达，你必须多次证明你的诚意。而你只需要在他们眼中搞砸一次，就足以毁掉你一直在培养的所有善意（一贯模式)。”

对于工会谈判代表，我建议你用趋向模式和内部模式的语言提出提议，除非你的谈判对手主要是避离模式，要列出具体的好处供他们考虑。管理层往往更容易理解和认同向前推进、以目标为导向的提议。管理文化也可能有选项模式，并且不希望被束缚在一个给定的程序中，例如一个集体协议。

凡事预则立

为谈判做准备，除了确定你的目标和你能接受的底线，做好心理准备等“规定动作”外，还应当用语言行为模式的方法来分析你的对手。如果你们还没有见面，且事先不能通过电话联系，那就看看你从他们那里收到的书面信息，找一找与各种模式中有影响力的语言类似的只言片语。

你可以计划在首次会面时问一些语言行为模式的问题，比如“为什么这很重要?”或者“你如何判断谈判什么时候会成功?”。

当我进行谈判时，我通常假设我的谈判对手在这种情境下会有内部模式。这种假设能使我不会被认为失礼，并创造一种使我们双方的观点都得到尊重的氛围。

有时你会发现，一个人在谈判这种情境中会有内部模式的倾向，但在他看待他们所代表的人时，却会是外部模式。在这种情况下，你需要使用这两种模式的有影响力的语言，同时小心地把两种语言用于正确的情境中，例如“只有你才能判断你的委托人们是否会同意这个方案”“你对这个问题已经研究得足够深入，如果你认为做出的决定正确，你的委托人们会对你所做的一切表示感谢的”“你认为这会产生什么影响？”。

还必须注意选项模式和程序模式的相互转化。比如在销售方面，有些人在进入程序模式并讨论“下一步”时，他们会表现出已经准备为这件事情做决断。你可以询问他们是否准备好进入下一步了，以测试他们是否打算继续推进。但不要太频繁地催问，否则你会让对方觉得你在强迫他们，他们就会变得更加抗拒你的建议。

在谈判中使用语言行为模式的关键，是要花必要的时间做准备，以了解谈判对手的主要模式，如果你是代表客户进行谈判的，你还要了解你客户的主要模式。模式的判断将指导你如何提出或与他们讨论问题。

第 24 章

营销剖析：确保点击率，下一步就购买

一家共同基金公司出了这样的问题：他们在电视节目中通过投资建议为高价值的新客户提供指导，但他们对成交率很不满意。

公司的高价值潜在客户都是可投资资金超过 200 万美元的人。他们会收看电视上 CEO 参加的投资电话答疑节目，在看过节目几个月后，可能会打电话了解公司的投资情况。但问题是该公司没有正式的销售流程，于是一路走来的客户不知怎么就流失了。

他们聘用我通过语言行为模式进行市场调研。我采访了一些给公司打电话并表示愿意投资的潜在客户，也采访了一些打过电话但最终没有投资的潜在客户。从这些访谈中，我发现了每个群体的关键的语言行为模式动机触发点。利用这些信息，我为他们设计了一套销售流程，并提供了用于网站和电视节目的一系列关键词。他们的成交率上涨了 50%。直到 19 年后的今天，他们仍在使用这些关键词。

利用语言行为模式，能让你低成本、高效率地调查市场。你可以打电话给你的样本群体。将问题改编以适应情境，比如买牙膏、使用铁路服务、买车等。剖析之后，你很可能会发现只有少数模式类别的人与你的产品或服务相关。于是你可以依据对最有可能购买的人挑选有影响力的语言，来设计你的广告或销售流程。

同一款药品，两种产品说明

你还可以利用语言行为模式重新解释你已经完成的调研。以软件产品为例，市场细分后的“创新者”（Innovators）和“早期采用者”（Early Adopters）部分，就与语言行为模式中的差异模式相匹配。“中期和晚期采用者”（Mid and Late Adopters）总体上和相同中有例外模式的人具有相同的分布和行为。

将你的调研结果转换成语言行为模式的术语，好处在于你可以准确地确定，哪种有影响力的语言在你的营销活动和促销材料中是最有效的。

一家制药公司为中风患者生产了一种新药，他们此前做过市场调查，但他们对结果并不满意，于是请我审查一下。他们曾请一家调查公司对急诊室医生和神经科医生进行了访谈，希望我能对这些访谈的原始记录进行语言行为模式测试。制药公司想知道如何推广产品，怎样写标签和产品说明，在记录中，访谈者针对医生诊断病人的方式进行了提问。

遗憾的是，我不得不丢弃一部分访谈资料，因为访谈者不了解他们自己的语言行为模式倾向，对一些问题和答案产生了偏见。

在资料中，我发现急诊室医生和神经科医生的诊断方法有明显的不同。急诊室医生有一套非常程序化的方法，而神经科医生则倾向于寻求更多的选项。这使我建议制药公司在产品上贴两种不同的标签，因为每组医生的方法不同。可惜这种药最终没有获准使用。

寻找你的“理想客户”

营销人员需要了解目标市场（对事模式）和理想客户（对人模式）。如果你也了解他们典型的语言行为模式，你就可以测试并迅速改进你的销路拓展方式和潜在客户开发流程。

首先定义你理想客户的人口特征、价值观和行为。对我来说，理想的客户要有足够的钱来购买你的产品 / 服务，还会转告他们的所有朋友，特别是在社交媒体上。然后观察他们的行为和价值观（标准），猜测他们主要的语言行为模式是什么。你可以通过在线广告进行测试，看看哪种语言成本最低，效果最好。

我利用这些标准，帮助加拿大不列颠哥伦比亚省的一家激流漂流公司确定了他们的理想客户：

> 40 岁以上，中等到高等收入，有 10 岁以上孩子的家庭，热爱大自然，喜欢冒险和户外活动，正在不列颠哥伦比亚省进行自驾游。
>
> 他们主要的语言行为模式驱动程序大概为：主要是主动模式、主要是趋向模式、主要是内部模式、差异模式和主要

是对人模式。（他们也可能有些许避离→趋向模式。避离日常生活，也许是为了躲避无聊，趋向于冒险。）了解了这些，你就能够写出更好的广告、标语和口号，比如："逃离日常的琐碎，到大自然中去探险吧。"（当然，这个文案还需要打磨！）

语言行为模式的开发者罗杰·贝利曾和我一起，为一家大型软件公司做过一些咨询。他们想要我们对他们的平面广告（既有在媒体上登出的广告，也有传单）进行剖析，以找出他们的目标受众，并测试广告的一致性。具体来说，我们主要看了两个元素：整体的视觉效果（首先吸引人看广告的东西），以及广告的内容（主要是文本）。

以下是我们的调查结果摘要：

活动程度（主动模式－被动模式）：这些广告符合一般工作人群的正常模式。

行动方向（趋向模式－避离模式）：广告倾向于趋向模式。

动机来源（内部模式－外部模式）：这些广告专注于吸引内部模式的观众，尽管这种模式不像其他一些模式那样清楚。

行为依据（选项模式－程序模式）：广告既呈现出选项模式，也呈现出程序模式。

变化频率（相同模式、相同中有例外模式、两种模式兼有、差异模式）：虽然广告大体上呈现出正常的分布（主要是相同中有例外模式），但广告的视觉方面比文本所呈现的差异模式要大得多。这意味着具有高度差异模式的人会被广告吸引，然后又找不到他们要找的东西。

信息范围（总体模式－具体模式）：虽然正常分布偏向于总体模式，但广告中包含了更多具体模式的数据。我们的客户和我们自己都感到这种对具体模式的倾向与软件的企业客户非常匹配。

工作风格（对人模式－对事模式）：广告反映出大量的接近模式和独立模式。我们建议，如果能确定我们客户的市场的形成方式，将对广告的推广非常有益。

组织方式（独立模式－接近模式－合作模式）：广告中含有很强的对事模式取向，这可能很适合于这种情境。

信服渠道（看模式、听模式、读模式、做模式）：就传单而言，视觉方面主要用的是做模式，而文本主要用的是看模式和读模式。又一次，从内容中看不出是什么在吸引读者。

通过这种分析，我们的客户能够确定他们的广告和传单是否达到了我们剖析的两种产品的目标。通过利用从 800 条热线信息中收集的数据，他们检测了具有特定模式的人是否对广告有所反应。

我们还向客户展示了一个令他们惊讶的事实。我把广告分成两堆，一堆是一个人写的，而另一堆是另外的人写的。他们广告公司的客户经理证实了这一点。我们已经清楚地展示了，广告文字更多地是受到了作者的模式影响，而不是以达到特定受众为导向的。

我们原本很愿意与他们进行更多的合作，根据已经用语言行为模式的术语重新解释的市场研究的结果，帮助他们为每种产品确定理想的有影响力的语言。遗憾的是，我们的委托人在工作中是高度的选项模式和差异模式，他离开了市场总监的职位。现在，他在另一座城市为曾经的竞争对手工作。

视频走红通常需要一个关于人的故事

在线销售和营销的情况始终在变化，平台在向人们展示内容和广告时不断调整着算法，多年来行之有效的流程会突然在特定目标市场引起不满。你需要有专业知识的专家，他们需要不断地试验来提高转化率和销售额。在这种经常发生地震般剧变的环境中，语言行为模式怎样发挥作用?

你需要了解你的受众，不仅是他们的故事、处境、需求和愿望，还要与他们建立信任关系，并能满足他们的需求。无论目前在线销售的方法是什么，对他们、他们的处境及他们做决定的过程进行语言行为模式，都有令人难以置信的助益。

当我们研究和开发“高级商业影响力项目”时，我们意识到作为目标受众之一的新手经理人们在决定是否参加这门课程时，很可能处于主要是主动模式和主要是内部模式。

他们是能自己拍板参加这个项目的人，不需要征得别人许可。然而，在工作中他们很可能具有对人模式和外在因素，因为他们还没有培养出资深经理人所具有的自信和技能，而且对其他人的言行很敏感。我们这个项目的另一类受众是资深经理人或主管。我们知道，这个管理者群体在工作中可能更具内部模式，也稍微有些对事模式。我们的第三类受众是组织机构，我们也用语言行为模式的术语分析了典型的组织文化。这些分析使我们得以检测我们的材料、电子邮件、广告、登录页面和销售流程。

成功的在线营销活动，需要潜在客户自愿地参与到一个他们有动力去完成的程序中。即使你吸引到了客户，他们仍然需要进入下一步才能购买。这时候时间段模式和例数模式才是重要的。

你的潜在客户需要多少次（或多长时间）从你或你的想法中获得价值，才能知道他们需要你的产品或服务？许多人发布视频后，都希望它们能像病毒一样被疯狂传播，从而获得大量关注。

根据我对走红视频的分析，它们通常都有一个关于人的故事。用语言行为模式的话来说，要想成功，故事必须既是程序模式的也是对人模式的。当然，故事都是程序模式的（它们有开头、中间部分和结尾），但必须关注人！这就是对人模式的要素如此重要的原因。

第 25 章

学习剖析：信心和自我管理缺一不可

我无意在这一部分批评公立学校的教育，只是想提供一些我个人关于教育的想法。

教育计划为什么像现在这样设计？一般来说，是因为设计者相信他们发现了学习一门学科的最佳方法。通常，对受教育的群体中的很大一部分人来说，的确如此，但对于情况并非如此的少数学生来说，该怎么办呢？

我的评论是关于这类少数学生的。对他们来说，一个既定的模式并不适用，因此他们更有可能辍学，退出在线教育项目，不能完成继续教育课程等。在我与教育工作者就减少中学辍学人数这一主题的合作中，我们讨论了如何在整个教学周期中保持孩子们的兴趣。我对中小学教师个人的建议是，首先确定是哪些学生对参加课堂活动不积极。其次，对他们进行剖析，以发现什么会触发并保持他们的动机。一旦了解了个人的动机模式，你就可以根据他们的需要调整活动，利用现有的资源和方法，并在必要时发明一些新方法。最后，你会注意到这些以前难以接近的学生，参与和表现都积极起来了。

例如，选项模式的学生可能难以遵循规定的程序，结果可能在课堂上变得沮丧或开始捣蛋。如果给这些学生更多的选择和开发自己流程的可能性，他们更有可能保持动力和专注。程序模式的学生可能很难知道该怎样启动一个开放性的任务，他们宁愿有一个程序供他们遵循。无论是哪种情况，你都需要确保使用与学生模式相匹配的有影响力的语言。“想尽一切可能的办法来做这件事！”（选项模式）“下面是开始的第一步”（程序模式）。

为了让内部模式的学习者保持动力，你需要让他们自己做决定。你可以让他们评价自己的工作。当你向这个群体提出建议时，你可以使用这样的语句：“你可以考虑一下”或者“我能提个建议请你考虑一下吗？”。外部模式的学生需要大量的反馈来了解他们做得有多好。为了鼓励内部模式的学生和外部模式的学生共同开发，你可以在活动中掌握平衡：自我评估（内部模式）和根据收到的反馈进行调整（外部模式）。你仅仅通过观察学生对任务的反应，就能看到和听到谁对哪种模式的反应最好。

一个人运用所学知识的能力，很大程度上取决于他对自己掌握这些知识的信心程度。当一个人的信服模式得到满足时，他就更有可能使用材料或更自信地做活动。

如果一个孩子需要把某项技能重复 6 ~ 7 次，才能确信自己已经掌握了，那么他们在学校一天的学习中不太可能得到足够的重复。我给老师们的建议是，如果他们注意到孩子们对所学的知识不自信时，问一些信服渠道和信服方式方面的问题。“你怎么确定别人是否擅长加法?”“你要看他们算对多少次(或者听到他们算对了，或者和他们一起做了题，等等)，才相信他们擅长加法?”

然后你可以根据重复的次数或需要的时间段来布置家庭作业。如果学生在信服方式上是一贯模式(从来不完全相信)，你会发现他们知道自己有一天会做，却不自信另一天还会做。提醒他们回忆上一次他们知道自己会做的时候。

在学校情境中，语言行为模式在两个方面是有用的。首先，它可以用来对学不好新课程的学生进行诊断和计划；其次，它可以帮助教师避免在无意中打击某些模式的学生。

成人教育往往建立在信任之上

学习本身就是一种情境。学习某种东西这种行动，就是吸收并为自己获取新的材料，同时利用以前学到的东西改变一系列行为。正如你可能推断的，这个过程是一个情境序列：以外部模式接受新知识；以内部模式进行评估；以内部模式和外部模式，也许还有大量的程序模式来利用新知识，并确定结果。

想要学习新知识的人需要处于外部模式。如果一个人试图在保持内部模式的情况下接受新事物，那么新事物就会与他已有的标准和原则发生冲突。因此，人真正获得新知识的能力是有限的。一些成人教育课程会要求学习者将对某个话题已有的了解暂时搁置一边，以便以一种新的方式来思考它。

一旦他们掌握了新知识,就会被邀请重新进行批判性思考。然而,我本人在上课时,讨厌别人要我把知识和经验留在门外,尤其是当这些知识和经验是我花了很长时间才掌握时。

你可能愿意考虑一种更优雅的方式,来帮助你的学生在学习时转换到外部模式。只须建立你的信誉,让你的学生相对你成为外部模式。这种信誉对成年学习者来说尤其重要,任何企业培训师都会这样对你说的。

网课上得太费力,不如加点游戏

越来越多的事情需要人们的注意力,而人们注意力的持续时间却似乎越来越短。随着对工作效率的要求越来越高,人们需要在几秒钟内回复短信和应用程序,很多人都经常处于压力之下,感到几近崩溃。

此外,人们已经非常习惯于碎片化信息、简短的推文、向左或向右滑动图片、在几秒间上下移动,以至于很多人都很难读完一些长句子。这使得学习、融合、应用和记忆新技能或新信息变得越发具有挑战性。

解决办法需要与人们的学习方式相匹配,否则他们就会因为太费力而放弃学习。放弃网上学习的原因多种多样:对主题或形式没有动力、没有时间、没有在日程上安排学习时间、退学没有不良后果、对课程感到厌烦,等等。

这就是微学习模式和具有高度互动性的游戏化模式被开发出来的原因。这些模式会一定程度地满足语言行为模式的需求,从而发挥作用。为了让人们感兴趣并保持兴趣，学习无疑需要缩短时间，但也需要让人们进入一种程序模式，因为这样学习者就会有动力去完成流程。讲故事是让人们进入程序模式的好办法。（故事有开头、中间和结尾……正好是一个“程序”。）故事是程序模式和对人模式的组合。

当然，不仅是讲故事，任何能提起学习者兴趣的办法都可以。为保持人们的注意力，还需要有新元素（差异模式）。

运动是一种创造差异模式的方法，因为它不同于静态的（相同模式）。当人们在手机上学习时，这点尤其重要，因为与手机周围环境中的东西相比，屏幕太小了。而且因为我们谈论的是学习，所以对你的表现的反馈是很重要的（外部模式），就像给我们带来多巴胺一样重要。但是，随着科技与我们的生活联系愈加紧密，学习的方式和方法也必须不断改进。

第 26 章

默认剖析：做好最坏的打算

默认设置是你的电脑和其他设备上的标准化设置。你的设备假设你已经接受了这样的设置，除非你发出相反的指令。你还可以利用语言行为模式对你无法预先研究的人和情况进行有根据的猜测。你可以假设某些模式可能起作用，除非你得到了相反的证据。

例如，每当我开始向一群陌生人演讲时，我首先猜想这些人会对我持怀疑态度并可能具有下列模式：

对我是内部模式：他们每个人都在怀疑："这个女人到底是谁，她凭什么认为自己能给我提供有价值的东西？"

对我演讲的内容是避离模式：他们会关注我的任何失态之处、不恰当言论或与他们无关的例子。

一贯模式：如果我说或做一些他们同意的事情，他们就会喜欢我，而如果我偏离了他们的期望，他们就会不喜欢我。这群人在你一句话说完之前，就会用手机核查你说的是否属实。

虽然这些假设乍一看似乎是消极的，实际上它们帮助我做好了准备。如果我假设一个群体有内部模式（至少在开始的时候），那么我就会在演讲开头时做两件事：采取措施建立我的可信度，使用对内部模式有影响力的语言："我将提供一些信息，供你在工作中考虑。请你按照你的经验评估这些信息，并做出决定。"

对于避离模式的人，我会建议："你们比我更了解自己的工作环境。我们将有机会调整这些想法，使之适应你们的环境。我相信你们会注意到哪些部分是合适的，哪些部分不合适。"

为了应对一贯模式，我不断地观察群体中的个人，关注不以为然、困惑和关切的迹象。

我会确保使用对内部模式的人有影响力的语言，避免说武断的话。我会邀请带着关切表情的人告诉我他们在想什么，这样我就可以做出回应。

有人想让你当众出糗时

一旦你了解了与语言行为模式相关的行为，你就能在许多情况下预设一个默认的剖析模式了。

你可以确定假设对方是哪种模式比较安全，除非你得到了相反证据。我用"安全"这个词是有意的：如果你在无意识中假设了相反的模式，会带来灾难性后果。

例如，你可能（无意识地）假设要听你演讲的一群人对你有外部模式，仅仅因为他们聘请了你。因此，当你开始演讲时，你也许会忘记先要建立可信度，而假设他们会相信你所说的一切。在这种情况下，你很可能会在某个实质性的问题上受到听众的攻击。

我的一名学生阿鲁娜要在一个挤满了人的大圆形剧场里为她的公司做一次演讲。她正要开讲时，一个坐在最上面的男人喊道：“嘿，阿鲁娜，你还像20年前一样漂亮。”顿时听众们哄堂大笑。

而且不仅如此，由于他们全都在同一家公司工作，听众们马上就会去想：“哇！他们20年前有什么风流韵事吗？”“他为什么这么说？”“他们之间是什么关系？”他们当然不会再考虑阿鲁娜的演讲主题了。

许多因这种玩笑气氛而受到妨害的人都会感到惊讶和尴尬。他们最终也只能大笑，因为其他人都在笑。但那样就大错特错了！因为每个人的注意力都分散了，如果不挽回局面，就会失去可信度。看来“小丑先生”已经给她来了个釜底抽薪。有些人甚至开始为她感到难过了！但阿鲁娜没有犯这样的错误。她做了我多年的学生，没有掉进这陷阱。她完全知道，当有人扔给你一块“香蕉皮”，暗示“来，亲爱的，滑一跤！”时，该怎么做。

我教过她怎样处理“香蕉皮”，她照做了，把“香蕉皮”直接掷回给那个扔过来的人。阿鲁娜干得漂亮极了！她说：“哎呀，彼得，可惜我不能用同样的话夸你呀。”大家又哄堂大笑，她当即赢回了可信度，继而做了一场精彩的演讲。后来，她对我说：“如果我不知道怎样回应‘香蕉皮’，我很可能就会掉进陷阱，失去可信度。”

证明你的观点，意味着既要建立你的可信度，也要提供信息来支持你的观点。这将搞定内部模式和避离模式的听众。

挑不出毛病的营销方案

在销售的情境中，你可以为你的客户和潜在客户预设默认的语言行为模式。譬如说你是位电脑销售顾问，也许你的许多客户都对你有外部模式。他们向你寻求专业知识，而假如你问他们觉得什么解决方案最好，他们可能就会跑掉。

一家大型制药公司的营销团队每季度向销售代表介绍他们的新营销策略。我们为销售代表和最终客户——医生都做了默认剖析。营销团队认为，销售代表在现场工作时，具有如下的剖析模式：主要是主动模式；趋向模式（专注于销售）；外部模式（对医生）；程序模式和相同中有例外模式。

他们还认为，销售代表在与总部和营销团队打交道时，有着不同的剖析模式：主要是主动模式；避离模式（给营销策略挑毛病）；内部模式（我们比总部的那帮家伙更懂这个领域）；程序模式和相同中有例外模式（不要老是彻底改变我们该做的事情）。

根据分析结果，营销团队列出了在演示中要使用和避免使用的有影响力的语言。他们还重新设计了他们的策略，以考虑销售代表们（在两种不同的情境中）和客户（医生）的两种不同剖析模式。如果你是一名心理治疗师或咨询师，你可以假设当你的客户来向你寻求帮助时，他们具有避离模式的动机。你可以考虑使用对避离模式有影响力的语言。“你确定你已经受够这个问题了,想要一劳永逸地摆脱它。”

默认剖析是一个进行概括的实例。如果你能确保注意到并适应例外情况的出现，默认剖析会非常有用的。

附录 1 WORDS THAT CHANGE MINDS

工具汇总和额外干货

动机模式

一个人怎样触发自己的兴趣，相反，又是什么会让他们失去动力？每种模式最明显的特征可以描述如下：

活动程度

这个人会主动采取行动还是等别人先采取行动？

主动模式：考虑很少或根本不假思索，便采取行动。其动力来自于行动。

被动模式：动力来自于等待、分析、思考和反应。

反应标准

这些词语是在特定情境中，一个人对善、正确和适当所贴的标签。它们能激发人积极的生理和情感反应。

行动方向

一个人的动机能量是集中在目标上，还是集中在处理或避免的问题上？

趋向模式：他们的动力在于实现或达到目标。他们可能难以意识到存在的问题。他们擅长管理事务的轻重缓急。

避离模式：他们专注于可能出错和正在出错的事情。他们的动力来自于解决问题，但难以专注于目标。

动机来源

这个人保持动力，是源于外部，还是他们自己内心的标准？

内部模式：他们根据自己内心的标准来做决定。他们喜欢用自己的标准来评判外界的信息。

外部模式：他们需要外部的反馈来了解自己做得有多好。他们的动力来自于影响、反馈和结果。

行为依据

这个人是在不断地寻找替代方案，还是更愿意遵循既定的程序？

选项模式：他们感觉自己必须开发和创建程序和系统，并喜欢篡改或打破规则。他们可能难以遵循既定的程序。

程序模式：他们喜欢遵循按正确步骤进行的程序，一旦开始，就有动力去完成。当他们没有程序可遵循时，他们可能会陷入困境。

变化频率

一个人对变化如何反应，他们需要什么样的变化频率？

相同模式：当事情保持不变时，他们会有动力。他们每隔 15 ~ 25 年才会经历一次变化。

相同但有例外模式：他们更喜欢情况随时间慢慢演变。他们希望每 5 ~ 7 年发生一次大改变。

差异模式：他们希望变化是经常的和剧烈的，每 1 到 2 年发生一次大改变。

相同中有差异和例外模式：他们既喜欢渐变，也喜欢巨变。希望平均每 3 年来一次大改变。

工作效率模式

人们如何处理信息，任务类型，他们达到最高效率时所需要的工作环境，他们如何做决定：

信息范围

这个人能应对多大的局面？

具体模式：细节和顺序。他们往往看不到全局。

总体模式：总览大局，只能在短时间内处理细节。

注意力方向

这个人会关注别人的非语言行为，还是更关注自己的内心体验？

自我模式：关注自己的体验，不注意别人的行为或声调。

他人模式：对非语言行为会产生本能反应。

压力反应

一个人在特定情境下如何应对正常的压力？

感觉模式：对正常水平的压力会产生情绪反应。会一直保持某些情绪，不适合高压力的工作。

选择模式：能够自行摆脱情绪的影响，善于换位思考。

思考模式：在正常压力水平下不会进入情感波动的状态，但不太容易与别人建立融洽关系或对别人表现出同理心。

工作风格

什么样的人文环境能让这个人工作最有效率？

独立模式：独自工作，承担全部责任。

接近模式：有自己负责的范围，但周围也要有别人一起工作。

合作模式：要与他人作为一个团队工作，共同承担责任。

组织方式

这个人是更关注人、想法、感受和经验，还是更关注任务、理念、体系或工具？

对人模式：专注于人、人际关系、感觉、经验和想法。把这些都看作要完成的任务。

对事模式：专注于任务，完成工作是最重要的事情。

规则结构

一个人的规则是对自己的还是对他人的？

我 / 我模式：我的规则适用于我，我的规则也适用于你。能够告诉别人他们期望的是什么。

我 /。模式：我的规则适用于我，我不在乎你。

无 / 我模式：我不知道我的规则，但我知道适用于你的规则。典型的中层管理者模式。

我 / 你模式：我的规则适用于我，你的规则适用于你。能同时看到两种观点，但不愿告诉别人该做什么。

信服渠道

一个人需要什么样的信息，才能开始相信某事？

看模式：看到证据。

听模式：口头表述或听到什么。

读模式：读到报告。

做模式：亲身体验。

信服方式

先前收集的信息或证据必须怎样，才能使某人信服某事？

例数模式：他们需要获得这个数据一定次数后才能相信。

自动模式：他们只获取少量信息，就会根据自己的推断轻易相信。他们几乎从不改变想法。

一贯模式：他们从不完全信服。每一天都是崭新的一天，他们需要重新被说服。

时间段模式：他们需要收集信息较长一段时间，然后他们的信服才会被触发。

模式分布

在工作情境下，根据罗杰·贝利的数据，语言行为模式有如下分布：

语言行为模式分布表

活动程度	主要是主动模式的人 :15% ~20% 主动模式与被动模式对等的人 :60% ~65% 主要是被动模式的人 :15% ~20%
行动方向	主要是趋向模式的人：40% 趋向模式与避离模式对等的人：20% 主要是避离模式的人 40%
动机来源	主要是内部模式的人：40% 内部模式与外部模式对等的人：20% 主要是外部模式的人：40%
行为依据	主要是选项模式的人：40% 选项模式与程序模式对等的人：20% 主要是程序模式的人：40%
变化频率	相同模式的人：5% 相同中有例外模式的人 :65% 差异模式的人 :20% 相同中有例外和差异模式的人 :10%
信息范围	主要是具体模式的人 :15% 具体模式与总体模式对等的人：25% 主要是总体模式的人：60%
注意力方向	自我模式的人：7% 他人模式的人：93%

（续表）

压力反应	感觉模式的人：15% 选择模式的人：70% 思考模式的人：15%
工作风格	独立模式的人：20% 接近模式的人：60% 合作模式的人：20%
组织方式	主要是对人模式的人：15% 对人模式与对事模式对等的人：30% 主要是对事模式的人：55%
规则结构	我 / 我模式的人：75% 我 /。模式的人：3% 无 / 我模式的人：7% 我 / 你模式的人：15%
信服渠道	看模式的人：55% 听模式的人：30% 读模式的人：3% 做模式的人：12%
信服方式	例数模式的人：52% 自动模式的人：8% 一贯模式的人：15% 时间段模式的人：25%

附录 2

有影响力的语言总结

6 类动机模式

活动程度

主动模式：去做；去争取；投入；现在就做；把它搞定；别等。

被动模式：理解；想一想；等一等；分析；考虑；可能；也许；将会；重要的是……

反应标准

这些词语是在特定情境中，一个人对善、正确和适当所贴的标签。它们能激发人积极的生理和情感反应。

行动方向

趋向模式：好处是；达到；获得；拥有；完成；纳入；这将会实现。

避离模式：避免；避开；没有；摆脱；排除；远离；不必担心。

动机来源

外部模式：某某人认为；其影响将是；你将得到的反馈；你将获得认可；其他人会注意到；供参考；结果会告诉你。

内部模式：只有你能决定；你知道这取决于你；你认为如何；你可能愿意考虑；我想让你做点什么，来获取你的意见。

行为依据

选项模式：为了他们；打破规则；机会；有这些选择；选项；替代方案；可能性；还有什么。

程序模式：按程序发言；首先；然后；之后；正确的方式；下面讲一下怎么做；久经考验的；告诉他们将要使用的程序，第一步。

变化频率

相同模式：相同的；共同的；像你一直做的；像以前一样；不变的；如你所知，我们一直这样做。

相同中有例外模式：更多；更好；更少；相同，只除了；渐变；进步；逐步改进；发展。

差异模式：新的；完全不同的；彻底改变的；切换的；转变的；独特的；革命性的；崭新的；独一无二的。

相同中有例外和差异模式：这样更好，更新；新的改进；独特的发展；新的升级。

8类工作效率模式

信息范围

具体模式：确切地；准确地；具体地(并按顺序给出许多细节)。

总体模式：大局；本质上；重要的是；一般来说；概念。

注意力方向

自我模式：(使交流始终专注于内容，并使用内部模式的语言)只有你才能决定；你想看看报告吗？这样你就可以做决定了；什么对你是重要的；既然X很重要，我建议……

他人模式：(受关系融洽程度的影响，所以要反映并匹配他们的非语言行为)因为X很重要……(察看对方是否同意)，所以……；你可以放心；请看这里(指着某物)。

压力反应

感觉模式：这是件大事；强烈的体验；你不会忘记；激动人心；令人难以置信；美妙。

选择模式：同理心；恰当的；合情合理的。

思考模式：清晰的思路；逻辑；理性；冷酷的现实；确凿的事实；统计数据。

工作风格

独立模式：独自做这件事；你自己做；就你一人来办；不受干扰；全面负责和掌控。

接近模式：你来负责，也有其他人参与；你来指导；领导；你的责任是X；他们的责任是Y；这是你的项目，要与X协作。

合作模式：我们；咱们；我们大家一起；团队；集体；共同承担责任；一起做；让我们。

组织方式

对人模式：称呼别人的名字；我们的关系将会是；你有什么想法；会感觉很好；像这样的人；我们的人需要这个；人们将受到影响。

对事模式：事情；体系；流程；任务；要做的工作是；目标；组织；公司；成绩；结果。

规则结构

我 / 我模式：你知道你想要什么；当你明白的时候。

我 /。模式：（使用内部模式的语言）只有你才能决定；这里有个建议；这可能对你最有利。

无 / 我模式：（可以使用外部模式的语言）即使你不确定；这就是该做的；下面是处理方法；在这种情况下，其他人会怎么做？

我 / 你模式：不同的人有不同的高招；不是每个人都是一样的；各人有各人的主张；你需要弄清楚对双方来说什么是最好的。

信服渠道

看模式：看看这个；看一看；很明显；如同隧道尽头的光；不祥之兆。

听模式：他们是这样说的；网上聊天时说；有传言称；值得欢呼的事情。

读模式：我读了这篇文章；我可以寄给你一些关于这方面的文件；你可以读到它；报告说；回顾文献。

做模式：让我们来解决这个问题；试试它的大小；摸摸它们；把握住这个；让我们一起努力吧。

信服方式

例数模式：使用他们的数字；事不过三，两次就可以了，观察这个现象 2～3 次吧；你想看另一个例子吗？

自动模式：假设；怀疑的好处，你马上就会知道；一旦你看到它，你就会知道。

一贯模式：试一试；每次你使用它；每天；每次；始终如一；每一次。

时间段模式：要符合对方的时间段；随时间而变化；几个星期后；你最终会知道的；过了这么久，一切都会好起来的。

附录 3 WORDS THAT CHANGE MINDS

策划方案大纲模板

有许多方式可以为你的潜在客户撰写一份投标书。以政府合同为例，你必须遵循客户要求的格式撰写。然而，只要你有机会构思你自己的投标书，这个模板就会有价值，可以帮助你更快地获得你想要的结果。

你如何能更快地获得你想要的结果？

理想的情况是，你能够与客户中的决策者详细交谈，以确定他们的 LAB Profile® 模式，但可能性不大。因此，我设计了一个模板，你可以用它来判断所有主要的动机模式。你所要做的就是填写你的信息，并反复检查以确保你使用的是正确的有影响力的语言。

LAB Profile® 投标书模板

标题：________行动计划

1. 目前的情况

"如你所知……描述目前的问题，可预见的问题和后果。"（避离模式）

____

____

2. 目标 / 目的 / 愿景（趋向模式）

____

当下的目标和未来的愿景。（根据事先商定的标准）

____

____

3. 方案（如何实现目标）（选项模式和程序模式）

方案 1（按步骤描述）。

方案 2（按步骤描述）。

____

____

4. 决策过程（程序模式）

____

选择方案 1 或方案 2 的标准（事先商定）。

____

____

____

5. 价值

方案 1 - 效益（趋向模式）+ 解决或避免的问题（避离模式）。

方案 2 - 效益（趋向模式）+ 解决或避免的问题（避离模式）。

____

____

6. 接下来的步骤（程序模式）

____

____

投标通过小技巧！

◎ 不要叫它“提案”。提案会在人们的桌子放上好几周，甚至几个月。这种被动的语言使人们处于消极状态，很难做出决定。

◎ 称它为“行动计划”。行动这个词是在标题模板中的，显然是实现某种目的的手段。这可以缩短决策的时间！

◎ 发送“行动计划”之前要先向客户申请许可，否则一些客户不会理解你为什么不发送提案。如果你的客户犹豫不决，通常因为他们想考虑得更周全，不想被逼迫。也许你可以先尝试获得许可,发送一个“草拟的行动计划”。

◎ 在你与客户的电话洽谈或面谈前约 1 小时发送行动计划。这让他们有足够的时间来阅读并提出一些问题。然后你可以安排会议流程，与他们讨论这套新的想法。这样做可以引起并保持他们的兴奋感，因为他们才刚刚通读完。

◎ 设计你的会议流程，提出并回答问题，重新验证什么对他们是重要的（标准），了解他们的决策过程，并询问他们是否需要其他东西来做出决定。

◎ 如果可能的话，确保你能与所有的决策者交谈。

◎ 如果你的建议解决了一个紧迫的问题（避离模式触发点），比起一心扑在实现目标上，你有可能更快地获得你想要的结果（趋向模式触发点）。

附录 4

WORDS THAT CHANGE MINDS

大男子主义测试

本书已经向你展示了应对生活中的大男子主义者，但现在你可以评估自己身上的大男子主义因素。请圈出最符合你的选项。

1. 当你的另一半提出一个建议时，你

a) 可以看到这个想法的漏洞

b) 想到一个更好的主意

c) 认为你早就想到了

d) 倾听并寻找它的优点

2. 工作中，同事看得起你，因为

a) 你有更高的知识和技能水平

b) 你知道自己在做什么，而且你对他们帮助很大

c) 你处于领导地位

d) 你让他们觉得自己的贡献得到了回报

3. 你记得有人批评你，因为

a) 他们误解了你的意思

b) 他们把并非由你造成的问题归咎于你

c) 他们只是和你有不同的看法

d) 他们有一个合理的观点

4. 在你的家庭中，你

a) 通常知道什么对他们是最好的

b) 一旦你做了决定，很少会被说服改变主意

c) 听取他们的想法，即使你知道什么是对的或错的

d) 学会了倾听和尊重他们的意愿

5. 当你确定某人是错的，你会

a) 毫不含糊地让他们知道

b) 暗自高兴，但要温和地表达出来

c) 不同意并等待他们的回应

d) 询问他们的观点，然后陈述你的观点

6. 当你犯错时

a) 你很少犯错，以至于很难记住一次

b) 你经常将注意力转移到其他问题上

c) 你希望别人不知道这件事

d) 这只是表明你并不完美

7. 当有人提出要帮助你的时候

a) 你认为他们是在说你的工作做得不好，并拒绝他们的提议

b) 你通常会拒绝，因为你自己可以做得更好

c) 你想知道这个提议是否是一种隐蔽的批评

d) 当你需要帮助时，你会很高兴地接受他们的提议

8. 当你不知道如何做某事时

a) 这种情况从没发生过

b) 你继续做下去，直到自己成功为止

c) 你去做别的事情

d) 查阅答案或询问知道的人

9. 当有人告诉你，你所做的事情有很大的问题时

a) 你大发雷霆

b) 你让他们知道他们是错的

c) 你认为他们是无中生有，没什么大不了的

d) 你倾听并找出他们认为的问题

10. 当你发现了别人不知道的事情时

a) 你让所有人都知道“你知道这件事”

b) 你告诉别人你很想告诉他们，但你不能

c) 你很高兴让别人知道这个只有你知道的秘密

d) 如果这是个秘密，你会保密，如果你能说出来，你就会说

大男子主义测试得分

选 a）算 4 分，选 b）算 3 分，选 c）算 2 分，选 d）算 1 分。

如果你的分数是 14 分或更少，请加 20 分。

30 分 ~40 分 = 超级大男子主义

20 分 ~29 分 = 主要大男子主义

15 分 ~19 分 = 迷你大男子主义

0 分 ~14 分 = 无大男子主义

超级大男子主义：你可能隐藏着深深的不安全感，倾向于不接受外界的信息。

主要大男子主义：你往往很难对付，但最终会听从理智。

迷你大男子主义：你偶尔会对某些“让你不爽”的人发脾气。但在大多数情况下，你不需要成为人群中的焦点。

无大男子主义：你对新的想法持开放态度，愿意看到他人成功。

致谢

我想感谢我的商业伙伴斯特凡·伊里米亚（Stefan Irimia），他能从大处着眼，牢记什么才是重要的；是他领导了团队，使我无论作为实践者还是写作者，都展现出了最好的自我。此外，我要感谢伊万娜·阿尔代莱安（Ioana Ardelean），整个项目成功的许多其他因素也要归功于她。感谢泰奥·卡林（Teo Calin）推动所有移动部件运行，并确保完成。也感谢西尔维娅·特鲁塔（Silvia Truta）的大量的补充工作。还感谢埃琳娜·扬（Elena Ion）让我看上去神采奕奕，以及莫妮卡·扬（Monica Ion）对其他许多事情的巨大投入。

我也很感谢多年来参加了我的会谈活动，以及启发了我的灵感的每一个人。

结 语 WORDS THAT CHANGE MINDS

《语言影响力》是我在许多不同情境中使用和思考语言行为模式的经验结晶。本书可以帮助你更好地交流和沟通，也可以让你了解人们在交流中会发生什么情况。你可以更快地实现你的目标，同时防止和解决沟通中出现的问题。

当你使用这些工具时，你会发现它给你带来了多么大的变化，其他人也一定会注意到！使用正确的方法，交流的可能性是无限的。你可以不断进步，变得出类拔萃，并维护好对你而言很重要的关系。

无论你是非常详细地研究本书中的材料，还是仅仅关注大概，你都能够以新的方式理解别人的话语，并注意到他们的行为。这些材料可以激发你前进的动力，引发你理性的思考。无论你是独自工作、与周围的人一起工作，还是与团队和谐相处，你都能对自己的成就感到满意。

如果我是你，我就会主动使用这些工具，使用它们引导我去更好地理解人与人之间的不同，以及为什么不同。只要你愿意，你将看到、听到和感受到使用语言行为模式始终如一地为你带来的改进。

虽然我已经探索了应用程序和一些理念，但我坚信还有许多其他方式可以利用这些工具。所以，我向你们提出一个问题：

> “既然你已经知道了如何触发和保持人们的动机，从而理解、预测和影响他们的行为，你还想利用它做些什么？”

我期待听到你们的回答。

雪莉·罗斯·查维特